[波]拉多斯瓦夫·兹比科夫斯基 著

王雨欣 邹新宇 译

自然观察探索百科丛书

海洋大百科

四川科学技术出版社

图书在版编目（CIP）数据

海洋大百科 / (波) 拉多斯瓦夫·兹比科夫斯基著；
王雨欣, 邹新宇译. -- 成都：四川科学技术出版社，
2024.8. -- (自然观察探索百科丛书). -- ISBN 978-7-
5727-1501-3

Ⅰ. P7-49
中国国家版本馆CIP数据核字第2024C4K147号

审图号：GS 川（2024）145号

著作权合同登记图进字21-2024-069

Copyright©MULTICO Publishing House Ltd.,Warsaw Poland

The simplified Chinese translation rights arranged through Rightol Media

（本书中文简体版权经由锐拓传媒旗下小锐取得Email:copyright@rightol.com）

自然观察探索百科丛书
ZIRAN GUANCHA TANSUO BAIKE CONGSHU

海洋大百科
HAIYANG DA BAIKE

著　　　者　[波]拉多斯瓦夫·兹比科夫斯基
译　　　者　王雨欣　邹新宇

出 品 人　程佳月
责 任 编 辑　陈　丽
助 理 编 辑　杨小艳
选 题 策 划　鄢孟君
特 约 编 辑　米　琳
装 帧 设 计　宝蕾元仁浩（天津）印刷有限公司
责 任 出 版　欧晓春
出 版 发 行　四川科学技术出版社
　　　　　　　成都市锦江区三色路238号　邮政编码：610023
　　　　　　　官方微博：http://weibo.com/sckjcbs
　　　　　　　官方微信公众号：sckjcbs
　　　　　　　传真：028-86361756
成 品 尺 寸　230mm×260mm
印　　　张　$9\frac{2}{3}$
字　　　数　193千
印　　　刷　宝蕾元仁浩（天津）印刷有限公司
版次 / 印次　2024年8月第1版 / 2024年8月第1次印刷
定　　　价　78.00元

ISBN 978-7-5727-1501-3

邮　　　购：四川省成都市锦江区三色路238号　邮政编码：610023
电　　　话：028-86361770

引言

    在我们的地球上，大部分面积被海洋覆盖着。在海洋中，四处是可爱的海草、鱼类、珊瑚等各种各样的生物，色彩斑斓的海洋世界仿佛将人置身于陆地上最漂亮的花园，又或是让人漫游在热带雨林。在这个庞大的世界面前，人类只是渺小的生物，甚至会感觉自己像是闯入了外星球。数十亿年来，浩瀚无垠的大海里一直存在着尚未被认知的生物和尚未解开的谜题。从前，人们以为，因为海底缺少阳光，也就没有生命。直到20世纪，这一认识才被推翻，人们发现，这座海底大都市熙熙攘攘，热闹非凡。这里的"居民们"是群稀奇古怪的家伙，它们当起科幻电影的主角来也毫不逊色。尽管进行了许多深入的实验，迄今为止，我们对奇妙的海洋世界仍然所知甚少。我们仍在不断探索新知，在现代化设备和卫星研究的帮助下，我们对海洋的发现日新月异。

    亲爱的读者朋友，我希望这本书生动愉快且能让你收获满满，希望它可以让你爱上奇妙的海洋世界，至少满足了你的一点好奇心。或许在未来，对海洋世界心驰神往的你会成为研究海洋的科学家并且破解它的一个谜题，谁又知道呢？

拉多斯瓦夫·兹比科夫斯基

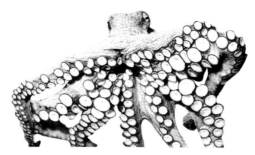

地球，还是"大洋球"？

　　地球是目前已知的太阳系中唯一一颗确认拥有液态水的行星。其体积和质量几乎不随时间变化，因此可以说，我们现在喝的水与数亿年前恐龙喝的水是一样的。海洋覆盖了地球表面积的70%以上，这就是为什么，当我们从太空看卫星图像时，会看到几乎整个地球都是蓝色的。因此，地球通常被称为"蓝色星球"。

地球上水的起源

　　地球上的水是从哪里来的？我们仍在寻找这个问题的答案。目前，有两种科学理论最为流行。第一种理论是，水起源于地球本身。数十亿年前，在太空中，气态云中的微小水分子黏附在岩石颗粒上，由于引力作用，这些岩石颗粒相互吸引并聚集在一起，形成一个越来越大的"团块"。这个团块围绕着自己的轴线旋转，呈现出球的形状。就这样，地球诞生了。起初，它是一个炙热的球体，但随着时间的推移，它逐渐冷却下来，水以水蒸气的形式逸出到大气中。

　　第二种理论是，水是从外太空来到地球的。水是由小行星和彗星带来的，这些小行星和彗星在数千年甚至更长的时间里大规模"轰炸"了地球的表面。因此，有些水可能来自冷却的行星，有些则来自外太空。

海洋的诞生

地球在诞生之初并不是一个对生命友好的星球，它就像一个逐渐冷却下来的炽热团块。地球上空以密集云层的形式飘荡着大量水蒸气，于是，倾盆大雨开始了。降雨持续了数千年，直到地球表面冷却下来。最终，地球上所有的凹陷和裂缝都充满了液态水，形成了一片巨大的海洋。

寻找太空中的液态水

迄今为止，地球是宇宙中已知的唯一拥有液态水的行星。科学家们仍在太空中寻找这种赋予生命的液体。可能数百万年前，火星上曾经存在着巨大的海洋，但由于不明原因它们消失了。也许在围绕木星运行的木卫二（欧罗巴）卫星上厚厚的冰冻层下也隐藏着巨大的海洋。探索仍在继续，我们正在寻找第二颗蓝色星球——地球的姐妹。

木卫二（欧罗巴）

木星

天文学家怀疑木星的卫星——木卫二（欧罗巴）厚冰壳下隐藏着丰富的水源

火星

据推测，火星上也曾有一片巨大的海洋。

有多少个大洋?

地球上大面积的咸水被称为世界海洋或世界大洋。为了更清晰易懂、简洁明了，科学家们将世界大洋分为四大区：北冰洋、大西洋、太平洋、印度洋。各大洋之间没有"不透水"的围墙或边界。所有的水域都是一个可以相互联通的"大水池"。正因为如此，许多动物可以游到它们想去的地方，有时甚至可以游得很远。

来自印度洋的儒艮

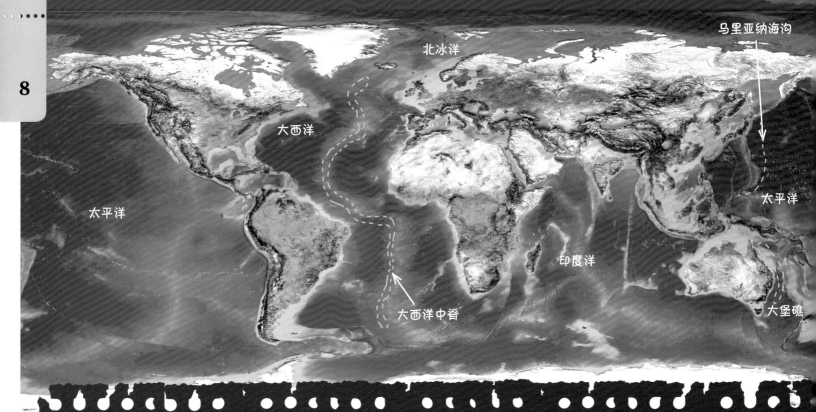

马里亚纳海沟

北冰洋

大西洋

太平洋

印度洋

太平洋

大西洋中脊

大堡礁

不平静的太平洋

太平洋是世界上最大的大洋。太平洋之名起源于拉丁文"Mare pacificum"，意为"平静的海洋"，然而，现实中的太平洋并没有那么平静。

强烈的风暴经常在海面上肆虐，许多火山在水下喷发，并且有着强烈的水下地震。在这片海洋的底部，有着地球上最深的海沟——马里亚纳海沟。

马里亚纳海沟有一个地段叫"挑战者深渊"——从海底到海面的距离高达11千米。在澳大利亚东北海岸周围的太平洋水域中，有一个巨大的"水下动物城"——大堡礁。

南方鲸类生活在南半球的大西洋水域中

辽阔的大西洋

就面积而言，大西洋是世界第二大洋。它的大小几乎是太平洋的一半。大西洋从北到南绵延数千千米，将两个美洲大陆与欧洲和非洲分隔开来。其底部是被称为大西洋中脊的高大海底山脉，从北部的北极地区一直延伸到南极的南部地区，长约数千千米。

冰冷的北冰洋

北冰洋覆盖了北极周围的水域。这片充满冰雪的土地是许多动物的家园，包括海象和大型掠食者——北极熊。除了它们之外，北极的寒冷水域还居住着一种罕见动物——独角鲸。

温暖的印度洋

印度洋是世界第三大洋。它位于非洲东海岸和澳大利亚之间。它的名字来源于印度半岛，由于它紧靠印度半岛而取名印度洋。这片温暖的水域是濒临灭绝的海龟、海豹、海牛和儒艮的家园。

美国加利福尼亚州的太平洋海岸

北极的斯匹次卑尔根岛

南极洲的企鹅

海洋究竟有多深？

全球海洋的平均深度约为3 700米，其中北冰洋较浅，其海面到海底的距离约为1千米。

海洋
是生命之源

海洋很可能是地球上最早出现生命的地方，包括人类在内的许多生物都有很久以前就决定爬上岸的海洋远亲。尽管我们已经离开了水，但我们仍然需要水才能生存。我们体内的水能完美地溶解许多物质。然后，这些物质通过被称为循环系统的"分叉大河"被输送到细胞中。

生命的起源

事实上，没有人确切知道生命是何时或如何出现的。第一批生物很可能产生于较深的，像过滤器一样吸收了有害的宇宙辐射和太阳紫外线的海水中。大约35亿年前，在这个人类肉眼几乎看不到的水生世界里，出现了单细胞细菌。随着时光流逝，大约25亿年前，海洋中出现了一种叫蓝藻的小型浮游生物。在接下来的数百万年里，主要是这些生物通过光合作用产生了大量的氧气。

多余的氧气从水中释放到地球大气层中。这增加了空气中这种赋予生命的气体的含量，呼吸这种气体的生物得以从海洋中来到陆地上。

由于蓝藻的出现，大气中出现了氧气

水是生命之源

在数十亿年的时间里，生命在海洋中繁衍生息，而陆地对于生物来说则是不适合居住的"荒凉沙漠"。很难说海洋动植物究竟是何时登上陆地的，这可能发生在5亿年前至4亿年前。当它们离开海洋时，它们将海洋中的一些水以储存在体内的形式带走了。我们每个人体内都有这样一个"迷你海洋"。它由水合组织和流动的血液组成，其中溶解着许多物质。对于儿童来说，其体重的75%是水。随着年龄的增长，成人体内的水分会下降到60%左右。如果我们身处炎热的沙漠，身体仅失去15%的水分，我们就将无法生存。因此，水是我们赖以生存的基础，没有水就没有生命。

成人体内约60%是水

60%
H2O

人类可以在不吃东西的情况下坚持2~3周，但在不喝水的情况下只能坚持7天

11

陆地上的
第一批脊椎动物

最早离开海洋来到陆地上的有脊椎骨的动物，即脊椎动物，是鱼石螈。它们生活在水陆交界处，体长可达1米。它们的结构和外形既像鱼，又像两栖动物。

鱼石螈——最早的陆生脊椎动物

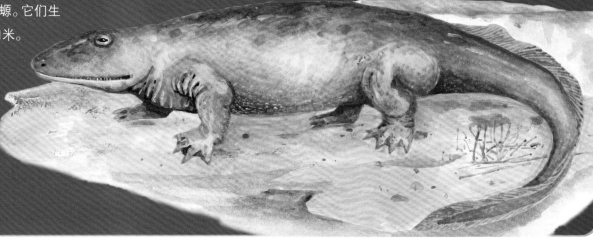

为什么海水是咸的？

海水就像一锅溶解了多种矿物质的汤，其中含量最多的是氯化钠，也就是我们在许多食物中会添加的普通盐。正是这种矿物质让我们在尝海水时会感受到咸味。溶解的盐导致海洋不像河流和湖泊那样会在0℃结冰，盐度10‰的海水冰点是−0.5℃，而盐度35‰的海水冰点是−1.9℃。

死海

红海

红海——风景如画，咸味十足

海水蒸发后盐分残留

海洋中有多少盐？

溶解在水中的盐分含量称为盐度，通常以千分之一(‰)为单位。海水中的盐越多，盐度就越高。

位于非洲和亚洲阿拉伯半岛之间的红海是海洋中盐度最高的区域。其平均盐度为40‰。如果我们把红海的1升水倒入锅中，然后将所有液体煮沸，那么我们会在锅底发现40克白色的盐。科学家们计算过，如果用这种方法煮沸所有的海水，得到的盐分可以覆盖所有大陆的表面，高度可达150米！

降水

下渗

径流

云层在陆地
上空移动

蒸发

这就是地球上水循环的方式

盐是从哪里来的？

当海洋在数十亿年前形成时，海水将包括盐在内的各种矿物质从地球的所有凹陷处冲刷出来。如今，海底裂缝和海底火山喷发产生的烟雾也会使盐进入海洋。此外，盐也会被溪流和河流从陆地上冲走，最终流入海洋。虽然我们感觉不到河水中的盐味，但河水中也溶解了微量的盐。

水分子可以从海洋中逸出，即首先蒸发，然后形成云，云会随风飘到很远的地方，通常是陆地上空。在那里，它以雨水的形式落下，并从土壤中带走一部分含盐矿物质。盐分首先进入溪流，然后是河流，最后进入海洋。因此，每一条河流的河水流入都会给海洋增加少量的盐分。这个过程已经持续了数十亿年，这就是为什么海洋中的水是咸的。

死海不是海

死海是地球上盐度最高的地方之一。其实，死海并不是海，而是一个与海洋没有任何联系的大湖。古时到达此地的旅行者以为自己看到的是大海。湖水非常咸，没有动物或植物在此生存，因此这个湖得名死海。死海表层的溶盐量非常大，盐度为230‰~250‰。如果把这样的水放在锅里煮，那么从1升水中我们可以得到一整杯（250毫升）松散的白盐。由于盐溶解在水里，所以死海的水密度非常大，即使不会游泳的人也能在死海中成为"游泳健将"。

死海岸边有大量的结晶盐

在含盐量很高的水中，身体会自己漂浮起来

地球的 "血液循环"

与表象相反，海洋并不是一个只有风吹浪涌的大型水域。海洋中的水通过大自然的力量混合和流动，流动的"水团"在整个地球上循环，以类似人体血液循环的方式分配养分和热量。在循环的作用下，海水在温暖、阳光充足的地区升温，在寒冷的地区降温，即向大气释放热量。数千年来，这个系统一直在高效运转，是影响整个地球气候的最重要因素之一。

这就是洋流在海洋表层流动的方式

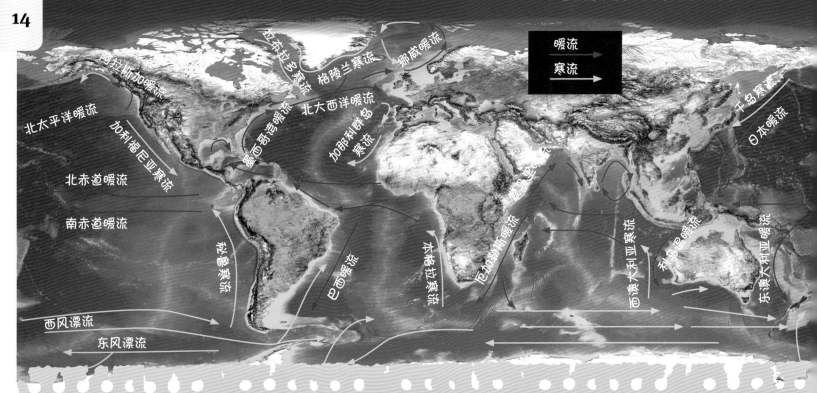

暖流
寒流

阿拉斯加暖流
拉布拉多寒流
格陵兰寒流
挪威暖流
千岛寒流
北太平洋暖流
墨西哥湾暖流
北大西洋暖流
日本暖流
加利福尼亚寒流
加那利群岛寒流
北赤道暖流
南赤道暖流
秘鲁寒流
巴西暖流
本格拉寒流
厄加勒斯暖流
索马里暖流
西澳大利亚寒流
东澳大利亚暖流
西风漂流
东风漂流

表层洋流

　　沿特定方向流动的大量海水称为洋流。表层暖流将温暖的海水从热带地区向两极输送。

　　在那里，海水冷却后又以寒流的形式返回阳光充足的地区。

　　流向两极和从两极返回的"水团"看起来就像巨大的旋转圆圈，在每个海洋表层上"竞速"。

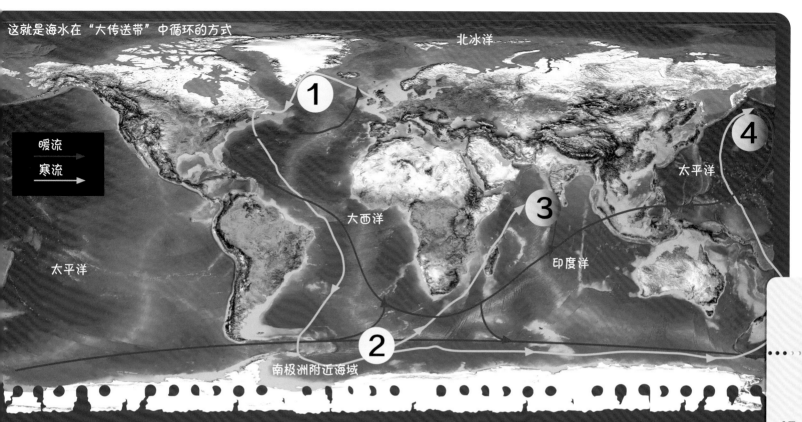

北冰洋

太平洋

大西洋

印度洋

太平洋

太平洋

南极洲附近海域

暖流
寒流

1

2

3

4

大传送带

海水的循环被称为大传送带。它由表层洋流和水下深处流动的洋流（即深部洋流）组成。地球传送带就像在巨型发动机的滚筒上运行的传送带。

在格陵兰岛附近的北极水域发现了最强大的洋流。在那里，水流在表层洋流中冷却并沉入深海（即图示1）。然后，作为一股深水洋流，它向南穿过整个大西洋，一直到达南极洲附近海域（即图示2）。

在这一区域，洋流分裂。一部分流入印度洋（即图示3），另一部分流入太平洋（即图示4）。在那里的热带地区，海水逐渐变暖并上升到海面。然后，作为温暖的表层洋流，它们返回北极，整个循环在那里重新开始。

洗澡玩具对洋流了解多少？

1992年，一艘商船在太平洋中央突遇狂风暴雨。船上溢出甲板的海水严重破坏了几个大型集装箱，并将其带入海底。其中一个集装箱里有近3万个能漂浮的小型塑料洗澡玩具，如黄色小鸭、红色海狸、蓝色海龟和绿色青蛙，这些玩具都是从被海水淹没的集装箱里"逃"出来的。海面上的洋流将大量洗澡玩具分成了许多小群组。它们开始了多年的大洋之旅。

这些玩具有的到达了美国西部海岸，有的则绕过太平洋到达了澳大利亚东海岸。有的随着北极寒冷的海水，环游了北美洲，漂流了15年后，于2007年抵达法国和英国的海滩。这些玩具中的一部分，或独自，或与其他玩具一起，目前仍在大洋中漫游。

光与永恒的黑暗

海水就像一个捕捉太阳光的过滤器。海水受到各种杂质、沙粒和生物的干扰越多，到达其深处的光线就越少。即使海水非常透明，光线也无法到达海洋深处，那里是永恒的黑暗。整个海洋被分为3个深度区，它们的亮度各不相同。光对于海面附近的动植物的生存最为重要，而深海生物的生存则完全适应了黑暗的环境。

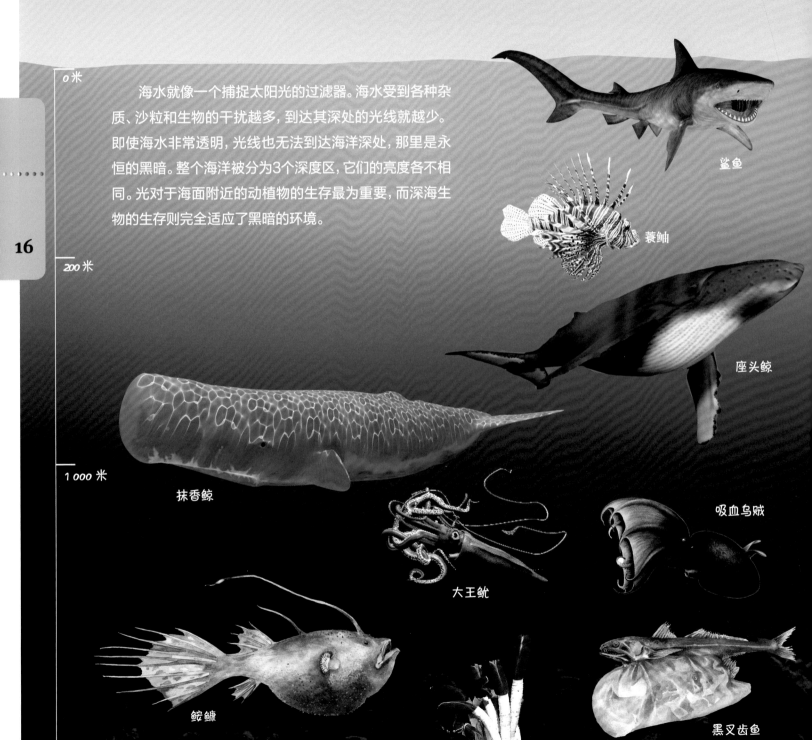

0 米

200 米

1 000 米

鲨鱼

蓑鲉

座头鲸

抹香鲸

大王鱿

吸血乌贼

鮟鱇

巨型管虫

黑叉齿鱼

光照层

水深在200米以上的水层为光照层，也称为透光层。在太阳光的照射下，这里明亮而温暖。光照层是名副其实的各种自养生物的王国，它们利用光进行光合作用，以光为生。

光照层是海洋中最拥挤的区域，超过90%的已知海洋生物都生活在这里。在水下珊瑚礁世界中，海洋生物的数量尤为丰富。

成千上万的鱼、海龟、海豚、双壳纲动物、腹足纲动物等都在这里安家。

珊瑚礁是动物们的家园

海豚

黑背蝴蝶鱼

海龟

栉水母

暮光层

水深在200~1 000米的水层是暮光层，又称昏光层。穿透该层的光线极少，这里的水温也比光照层低很多。由于光照太少，无法进行光合作用，因此，这个区域没有植物。

在昏暗中，可以看到的微光和闪光，就像夜空中闪烁的星星。这种奇异的景象就是生物发光，是由各种生物引起的。90%以上的深海动物都能发出非常醒目和明亮的光。

永恒的黑暗 —— 无光层

在距离海面1 000米以下的地方，是无法穿透的黑暗地带，被称为无光层。数十亿年来，这里就像最黑暗的夜晚一样，水温为0~2℃。在这些黑暗、寒冷的深处，有时还能听到水下火山爆发和地震的杂音。虽然生活在这里的动物种类比靠近海面的要少，但在某些地方，它们庞大的群体就像生活在水下城市中的居民一样。

尤其是在被称为热液喷口的巨大烟塔周围的海底区域，栖息着许多奇异的生物。在那里，你可以看到像踩高跷一样用长长的鳍站立的鱼、盲白蟹、透明的虾和许多其他水域中找不到的动物。

热液喷口

深海鱼是无色的

深海的无形力量

我们每个生活在陆地上的人，都被称为大气层的大量空气所包围。虽然我们自己感觉不到，但肉眼看不见的空气分子却在不断地向我们"施压"，这种作用被称为大气压力。水也是如此，其压力被称为静水压力。不过，水比空气密度大，因此压力也更大。

压力在任何地方都一样吗？

静水压力随着水深的增加而增加。在距水面下2米处，我们就会感觉到水压造成的耳内剧痛。我们浸入水下越深，水对我们施加的压力就越大。这就是为什么你不可能在任何商店买到长度超过1米的水下呼吸管。即使我们自己制作一根更长的呼吸管，水在我们胸口上施加的压力也不会让我们吸入哪怕一小口空气。

深海中的泡沫塑料杯

深海的巨大压力并不是无差别施加的力量。在深海中的任何东西都会被同样的力量从四面八方挤压。这就是为什么一个大的泡沫塑料杯在被放入深海并小心地拿出后，会变成一个像顶针一样戴在手指上的微型物品。压力不会对脆弱的结构造成太大的破坏，也不会使其变形。水以同等的力量从四面八方向其施加压力，均匀而精确地将空气从外壁中挤出。

如果没有合适的设备，我们只能在水下浅游

压力的奥秘

我们来做个实验。向上移动注射器活塞（如图示1），在没有针头的注射器中注入空气。用手指塞紧出气口，然后按下活塞（如图示2）。毫无疑问，我们至少能把它推进去一点。现在，我们把水注入同一个注射器（如图示3），再次用手指堵住出水口。我们试着推动活塞（如图示4）。

即使我们用很大的力气，也无法像注射器中有空气时那样将活塞推入那么深。结论是，静水压力会破坏内部有空气的结构，而如果内部有水，则不会破坏任何结构。

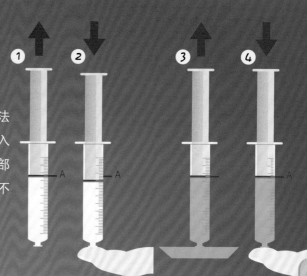

水压对人类有什么影响？

在深海中，巨大的水压可以比作一头大象在踩踏人类。然而，尽管难以置信，深海的压力并不会把人压成一个不成形、皱巴巴的小球。

人体的含水量为60%~75%，这使得水合组织能够抵抗深海的强大压力。最能证明这一点的是娇嫩的胶状水母，它们身体的95%都是水。尽管有巨大的压力压在身上，这些生物仍能在海洋深处生存。

充满空气的肺部是人体非常脆弱的部分。在水下，它们最有可能被压碎，而不是我们的手臂或腿，因为四肢主要是由水合组织和肌肉组成的。

潜水高手仅凭肺里的空气和脚蹼，就能潜入约130米深的水下

水母的身体几乎完全由水组成

海洋学家的设备

自古以来，人类对水下世界的向往主要源于好奇心、对食物的需求以及探寻沉没宝藏的渴望。不幸的是，人类是陆地生物，无法像鱼类那样从水中呼吸氧气。因此，如果没有合适的设备，我们在水下停留的时间可能只有憋气的时间——一般来说，只有几分钟。但得益于科技的发展，现在我们有办法与海洋深处的世界进行更长时间的交流。

浮潜

绝大多数人根本不需要专业的设备来观察水下，只需要一个简单的面罩和一根呼吸管，呼吸管即一根弯曲的短管。多亏了它，我们可以漂浮在水面上呼吸并冷静地观察水下的情况。这种探索水下世界的方法被称为浮潜。

深海探测器

深海探测器是一种用于水下勘探的自行式船只。由于其特殊的设计，它可以承受深海的巨大压力。1960年，人类在一艘名为"迪里雅斯特"的深海探测器上首次探访海洋最深处，这个地方被称为"挑战者深渊"，位于马里亚纳海沟，距离太平洋海面约11千米。直到2012年，"深海挑战者"号深潜器才重现这一壮举。

利用面罩和呼吸管浮潜

携带水肺的潜水员可安全
潜至约60米的水下世界

水肺

水肺是一种水中呼吸器，即用于呼吸的特殊设备。基本的水肺由面罩、脚蹼和固定在背部的压缩气瓶组成。这套装备可以让你自由探索深度约60米的水下世界。通过软管，气瓶中的空气进入口中的呼吸器。这是一个非常重要的部件，它为潜水员提供与周围水压相同的空气。如果没有它，气瓶中压缩的空气进入潜水员肺部的压力就会过高。这将导致肺部严重受损，甚至爆裂。

无人潜水器

探索深海最安全的方法是使用可操纵的机器人和无人潜水器，即无人遥控潜水器，简称ROV（Remotely Operated Vehicle）。它们使深海探索可能会变得更容易，成本更低，并且不会像乘坐深潜器那样危及人的生命。

带摄像头的遥控潜水器

常压潜水服

如果潜水员想要潜入60米以下的水下，要么必须在水肺气瓶中装有特殊的气体混合物，要么就要配备一套特殊的潜水服，即常压潜水服，简称ADS（Atmospheric Diving Suit）。

有了这种潜水服，潜水员就可以相对安全地潜入600米深处的水下世界。穿上这样一套装备的人，无论从外表还是动作来看，都像一个航天员，这使得探索深海的奥秘就像探索宇宙一样。

常压潜水服可让潜水员潜至600米深处的水下世界

海底

海底，尤其是被称为海沟的巨大洼地，是最不适合人类生存的地方，也是海洋中人类探索最少的地方。直到20世纪中叶，借助回声探测仪等现代仪器，人类才开始探索海底景观。事实证明，深海的黑暗中隐藏着与陆地上相同的结构。这里有高山、沟渠、平原、火山和裂缝，炽热的熔岩不断从地球内部流出。

火山岛

大陆架

大陆坡

海底山脉

海底平顶山 —— 死火山

大洋中脊

海沟

海底峡谷

海底火山

岩石层

炽热岩浆

海底

大陆架和大陆坡

海底略微倾斜、水深缓缓增加的区域称为大陆架。当水深迅速增加到危险程度，海底变得陡峭，类似山坡时，这个区域就被称为大陆坡。

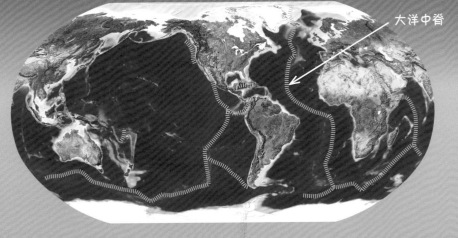

大洋中脊是地球上最长的山脉

大洋中脊

地球上最长的山脉

在海洋的底部，有着地球上最长的山脉——大洋中脊。它们连在一起，长65 000~84 000千米。无论是喜马拉雅山脉还是陆地上最长的安第斯山脉（约7 000千米）都没有这么长。大洋中脊隆起于洋底中部，在许多地方宽度为400~1 000千米，高度为2~3千米。这些海底山脉环绕着整个地球，就像棒球的接缝一样。

地球上最高的山峰

地球上总高度最高的山峰是位于夏威夷的一座死火山，名叫莫纳克亚火山。它从海底山脚到山顶的高度约为10千米。

莫纳克亚火山

火山和岛屿

海洋底部喷出炽热熔岩的火山比陆地上的火山多。许多火山在露出水面之前就已经死亡了。这些顶部平坦的海底死火山被称为"海底平顶山"。然而，如果熔岩需要很长时间才能从火山内部喷出，则往往会升至海面以上。随着时间的推移，火山喷发逐渐停止，数百年或数千年后，植物开始在肥沃的火山土壤上生长，动物也开始出现。就这样，地狱般的喷火火山就变成了一座神话般的火山岛。

博拉博拉岛是一座火山岛

海沟

海沟是非常深的裂缝，海底有许多这样的裂缝。地球上最深的海沟位于太平洋，这条巨大的裂缝叫马里亚纳海沟，被称为"挑战者深渊"。其最深处距海面约11千米。

深海的"生命绿洲"

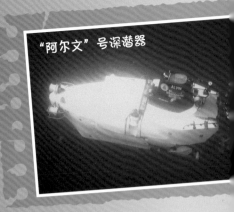

"阿尔文"号深潜器

数十亿年来，海洋深处一直处于永恒的黑暗之中。因此，研究人员曾经认为那里是"没有生命的沙漠"。直到20世纪70年代，才有了轰动一时的发现。科学家们乘坐一艘名为"阿尔文"号的深潜器到达了深海。当他们把深潜器的探照灯对准海底时，他们看到了一幅仿佛来自另一个星球的图像。

热液喷口

热液喷口就像我们城市中冒着浓烟的高大工业烟囱，这些结构在海底断裂的地方尤为常见。海水进入这些裂缝后，会向地球内部挤压，并在那里与炙热的岩石接触。然后，海水会迅速升温至400℃，这样就很容易析出底部的矿物质。热水最终向上喷射，在与海洋深处的冰水（0~2°C）接触时迅速冷却。这时，水中溶解的矿物质就会析出，形成白色或黑色的羽状流。产生的颗粒物慢慢沉入海底，形成一个小土堆，并随着时间的推移不断扩大。这样，多年后就会形成一个20~60米高的"大烟囱"。

白烟囱

巨型管虫

巨型管虫是一种看起来像长长的白色蠕虫的动物，顶端有红色羽状物。这些生物附着在海底生活，可以长到2米长。它们在海底形成巨大的群落，宛如海底草甸。它们经常被各种深海动物吞食，是深海动物的主要食物来源。每只巨型管虫体内都存活着数十亿个细菌，巨型管虫为这些细菌提供庇护所和矿物质，而这些细菌为它们生产食物。因此，这些奇异的蠕虫有自己的细菌农场，它们不太可能被饿死。

巨型管虫

深海的"生命绿洲"

深海的"生命绿洲"对海洋其他区域的许多生物来说都是致命的。从裂缝中流出的热水甚至会沸腾。此外，有毒气体和许多被称为重金属的有害矿物质也会从海底逸出。尽管如此，仍有许多动物在这种环境中安然无恙地存活了下来。更重要的是，它们中的许多都能很好地适应这种环境，如果我们出于怜悯之心把它们转移到其他地方，它们将无法生存。这些生命绿洲证明，即使在非常荒凉甚至对人类有害的地方，许多动物也能繁衍生息。

黑烟囱

一种深海蟹

蟹、虾和双壳纲动物是"烟囱"周围深海绿洲的主要居民

深海鱼类

在寒冷、幽暗的海洋深处，生活着长相凶恶的鱼类。它们的长相非常怪异，看起来更像是来自外星球的生物，而不是地球上的动物。其中许多鱼类呈暗红色、棕色或煤黑色。这些鱼的身体结构、大小和捕食技巧各不相同。

密棘鮟鱇

鮟鱇

密棘鮟鱇的头部有一根类似钓竿的线，末端是一个能发光的器官，像一个"小灯"。挥动这个"小灯"，鮟鱇就能把猎物引诱到它长满牙齿的大嘴里。有了这个"小灯"和它宽敞的胃，它能够捕获几乎与自身大小相同的猎物。生活在深海中的鮟鱇种类繁多，体长从20至130厘米不等，最大的重达40千克。

属鮟鱇目的鮟鱇

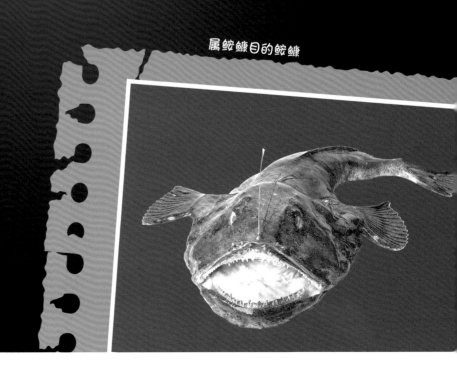

变色隐棘杜父鱼

黑叉齿龙䲢

欧氏尖吻鲛

　　欧氏尖吻鲛的两颌很大，牙齿锋利无比，头部有一根长长的尖突，就像一个突出的鼻子。在它的"鼻子"上有敏感的感受器，即所谓的劳伦氏壶腹，它可以用这种感受器感知附近经过的动物的电场。它的猎物通常是章鱼、鱿鱼、甲壳类动物和其他鱼类。它的平均体长可达2米，但有人也曾捕获到近4米长的样本。

贪婪的吞噬者

　　黑叉齿龙䲢是一种极其贪婪的鱼类，平均体长可达25厘米。它有锋利的牙齿、可活动的下颌和像气球一样有弹性的胃。因此，它可以捕捉和消化比自己长两倍、重10倍的猎物。不过，它主要以小鱼和其他小型生物（如甲壳类动物和小章鱼）为食。

欧氏尖吻鲛

悲伤的鱼

　　软隐棘杜父鱼看起来就像一个巨大的、胶状的、淡粉色的蝌蚪，有着巨大的鼻子。它的嘴角下垂，给人一种悲伤的感觉。它生活在静水压力较大的深海中。在自然环境中，它的形状与其他鱼类无异。只有当它离开水进入气压低得多的空气中时，它的身体才会下垂。这种鱼体长可达30厘米，主要以小型软体动物为食。

软隐棘杜父鱼

海洋之光

在深海的黄昏和夜晚，有时可以在海洋表面观察到奇异的闪光和光束。这种奇特的景象让人联想到星空或在水下航行的小型外星飞船。自古以来，海洋的这一奇观就一直吸引着人们的眼球，令人敬畏。今天，我们知道这种令人惊奇的发光现象就是生物发光。

夜间发光的海浪是生物发光现象

什么是生物发光？

生物发光是指各种生物体产生光的现象。这一现象涉及化学反应。生物必须在其组织中含有一种特殊物质，即荧光素，才能发光。在荧光素酶的作用下，氧气分子附着在荧光素上，形成氧化荧光素，并产生额外的产物——光。该反应的效率几乎是完美的，因为其能量的80%以上是光，只有约20%的能量以热量形式散失。因此，发光的动物不会烧伤自己，也不会烧伤路过的其他生物。相比之下，家用普通白炽灯泡只有5%的能量转化为光，而高达95%的能量转化为会灼伤我们手的热量。

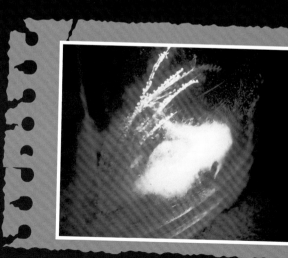

罐子里"发光"的水就像手电筒一样

"活的"手电筒

在海洋中，许多鱼类、小型甲壳类动物、双壳纲动物和腹足纲动物都具有发光的能力。它们本身可能会在身体的特定部位发光，或者在皮肤上有发光细菌栖息的凹陷处发光。在被称为鮟鱇的鱼类中，发光细菌积聚在从鱼头部长出的"线"的末端，这个末端看起来就像一个篮子。在灯眼鱼中，发光细菌则集中在眼袋处。但最令人惊奇的还是深海水母和它的亲戚——栉水母，它们有时会像夜空中的烟花一样亮起花环般的光芒。发光通常是为了威慑掠食者或吸引猎物。

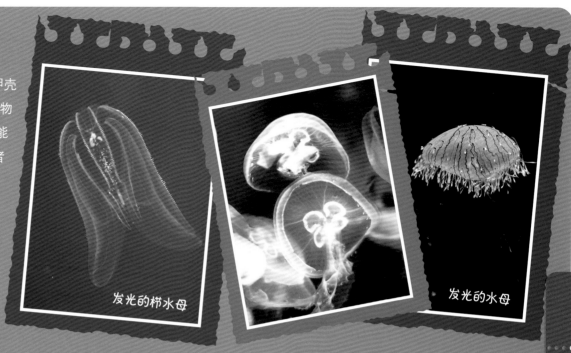

发光的栉水母

发光的水母

什么在海面上闪闪发光？

夜间，在温暖的热带海洋的海面上有时会出现一种令人惊奇的现象。海水，尤其是靠近海岸的海水，随着每一次海浪拍打海岸，都会发出耀眼的光芒。很多时候，夜间发光的海洋区域从太空中看起来就像打翻了的牛奶。进入这样的水域后，蓝绿色的光芒会神奇地环绕着我们身体被浸没的部分。

这些光是由数十亿被称为双鞭毛虫门（甲藻门）的微小生物受水流干扰而产生的，其中尤其是夜光藻会产生明亮的光。把这样的水倒入一个罐子里，轻轻摇晃，产生的光亮足以用来在黑暗中看书。

在中国浙江、福建沿海春夏季出现的这种发光景象被称作蓝眼泪，每年都会吸引大量游客观赏。

海面上发光的夜光藻

宝藏和海底博物馆

海底像一座巨大的博物馆，里面收藏着数百年来人类活动的文明展品。淤泥和沙子覆盖着因风暴或战争而沉没已久的金属船只。这些重大事故留下来的遗迹，如今已是生机盎然的地方。在沉船的角落和缝隙里，成千上万的动物诞生、繁衍和生存。钢结构是水下人工鱼礁的核心，是珊瑚和植物附着的完美结构。在这样的地方潜水，感觉就像在参观一座摆放着旧时代设备的博物馆。

这些宝藏从何而来？

许多沉没在海底的物品往往都拥有与许多人死亡有关的悲伤故事。这些物品之所以会沉入海底，是因为载有这些物品的船只曾经在此沉没或飞机曾经在此坠毁。

沉没木船的遗骸通常有压舱石、船锚、船炮、砖块、陶罐、日常用品（餐具、高脚杯、盘子）以及金银物品和硬币。除此之外，许多地方的海底还沉没着大型钢结构船只或坠毁的飞机。

独特的波罗的海

20世纪50年代从波罗的海的海底深处挖掘出来的"瓦萨"号帆船是一个时间胶囊。它是世界上唯一保存完好的17世纪船舶。我们可以在斯德哥尔摩的瓦萨博物馆看到它。波罗的海是世界上盐度最低的海，这便使沉船不至于很快腐朽，基本完整。

沉入海底的"泰坦尼克"号

1912年，当时世界上最大的客轮——大名鼎鼎的"泰坦尼克"号开始了从英国到美国的首次航行。不幸的是，在穿越北大西洋水域的航行中，它与一座冰山相撞，船体严重受损。结果，大量海水涌入船体内部，导致船只沉没，上千人丧生。

"泰坦尼克"号沉船在深海中沉睡了一百多年。直到1985年，在带有摄像机的遥控机器人的帮助下，人们才发现了它。结果发现，船上的许多物品和内部装饰几乎完好无损地保存了下来。

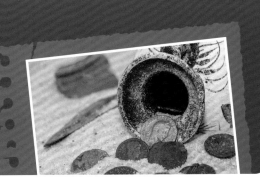
"泰坦尼克"号

钢制沉船的残骸构成了海底珊瑚礁的骨架

成为一名寻宝人容易吗？

对于寻宝人来说，15世纪至18世纪由西班牙帆船从中美洲运往欧洲的金银珠宝尤为珍贵。得益于科技的发展，现代的寻宝人比以往任何时候都更有机会找到宝藏。遗憾的是，使用现代设备的费用极其昂贵。此外，寻宝必须获得相应的许可证。如果你成功获得了许可证并确实挖掘出了价值连城的宝藏，你还必须上报并等待你挖掘出的物品是否属于他人财产的相关评定。

沉船中的硬币

风暴和巨浪

波涛汹涌的海洋有一股不可阻挡的巨大力量，它能摧毁所经之处的一切。在过去，数以千计的木帆船被巨浪击沉，全体船员也随之葬身海底。在这些大自然的力量面前，人类仍然无能为力。尽管我们建造了越来越多的现代化钢制船只，但它们仍然会受到海洋的严重破坏或沉入深海。海岸附近也不安全，码头和港口被来自海洋的破坏性海浪所袭击。巨大的风暴潮是一种强大的自然力量，比它们更强大的是不可预测的海啸。

波涛汹涌的海洋隐藏着无尽的危险

风暴是发生在海洋上的一种现象，其罪魁祸首是强风。风暴像大拳头一样击打海面，激起高高的浪花。风越强，浪就越大。在大洋水域，浪高可达12米，在地中海可达8米，在波罗的海可以是3~4米。暴风雨期间，通常伴有雷声。在这种天气下，船只应停靠在港口。

咆哮40度
狂暴50度

南洋之旅，危险重重

巨浪

有时，在暴风雨期间，一股强大的巨浪仿佛从深渊中涌出，其高度甚至会超过最高风暴波浪的2倍，这种巨大波浪被称为"畸形波""杀手波"或者"流氓波"。它们的高度可达30米。这些巨浪看起来就像一堵流动的巨型垂直水墙。在木帆船时代，巨浪被认为是从深海中冒出来的又大又长的海蛇或其他怪物。即使在今天，巨大的海浪仍让人望而生畏，因为它们甚至击沉了许多现代船只。

咆哮和狂暴的海洋

海洋是如此变幻莫测，任何水域都有可能发生强风暴。然而，在一个地区却存在着撼动海洋的独特条件。这个地区很危险，尤其是对航运来说——这就是南极洲周围的水域。那里终年刮风，呼啸的强风和汹涌的波涛就像海洋在号叫和咆哮，这种声音在南纬40度和50度附近最为清晰。因此，水手们将这些水域命名为"咆哮40度"和"狂暴50度"。

风暴摧毁了海岸防御工事

致命的海啸

海啸是指从海洋涌向陆地的、会造成灾难性破坏的巨大海浪。海啸（tsunami）的名字来源于日语，在日语中，"tsu"是港口的意思，"nami"是海浪的意思。数千年来，海啸一直是沿海村镇的噩梦。尽管我们已经有了探测这种现象的现代系统，但每年海啸仍会出现，淹没陆地，摧毁房屋，造成人员伤亡和财产损失。

海啸是如何形成的？

海啸不像强风暴潮那样是由强风引起的。海啸通常是在海底发生地震或海底火山爆发时形成的。

海啸也可能由外部物体撞击海洋表面形成。在这种情况下，罪魁祸首可能是断裂的冰山、落入狭窄海湾的岩石或来自宇宙的大陨石。

海啸

地震的震中

海啸可以预测吗？

科学家们花费了多年时间开发传感器来探测海底地震，方法是将特殊的仪器放置在海底。有了这些仪器，每一次海底震动，哪怕是微小的震动，都会被记录下来，并首先传送到环绕地球运行的卫星上，然后再传送到陆地上的接收站。然而，尽管有如此先进的仪器，海啸还是会让人们措手不及，而且常常发生在人们意想不到的地方。

大灾难的威力

当海底发生地震或海底火山爆发时，巨大的能量会释放到海水中。因此，大量海水会上升到海面上方距海面仅十几厘米的高度，然后迅速落下，激起并不高的浪花。

经过这种海浪的船只甚至可能没注意到，自己正处于海啸的发源地之上。但这些海浪会以迅雷不及掩耳之势横渡海洋，有时时速高达900千米。

当它们到达陆地时，会在那里急剧减速，这导致它们强烈抬升，甚至高10多米。大量海水会淹没海岸和港口，造成灾难性的破坏。

2004年，苏门答腊岛海啸将沿岸居民点夷为平地，数十万人丧生

环太平洋火山带

在我们的星球上，有一个地方每天都会频繁地发生火山爆发和地震。这个长约4万千米的动荡地区位于太平洋，它被称为环太平洋火山带。200多年来，该地区不断发生重大灾难。最严重的一次发生在2004年，苏门答腊岛附近的海域发生了海底地震，引发了巨大的海啸。

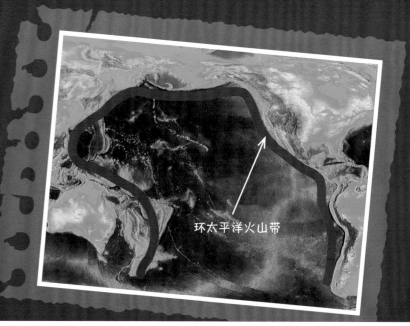

环太平洋火山带

35

地球的 "蓝肺"

氧气是一种气体，没有它，地球上的生命就不可能存在。氧气通常存在于大气和水中。无数陆地和海洋生物需要呼吸氧气才能生存。由于地球大气中出现了这种赋予生命的气体，许多呼吸它的动物才得以离开海洋，在陆地上繁衍生息。

氧气制造者

所有生活在陆地和水中的植物都能通过光合作用产生赋予生命的氧气。植物细胞中有一种叫叶绿体的特殊结构。叶绿体类似于带有可以捕获太阳能的太阳能电池板的微型工厂。因此，水和二氧化碳在这个"工厂"中发生反应，最终成为"植物的食物"。这一过程的副产品是氧气，它就像"工厂"里看不见的"烟雾"一样从植物中逸出。正是因为有了植物，我们的水中和空气中才会有如此多的氧气。

谁在海洋中制造氧气？

在海洋中，最重要的氧气制造者是生活在海洋中能够进行光合作用的微型生物，这些生物被称为浮游植物。它们主要由无数不同种类的蓝绿藻、绿藻、甲藻和硅藻组成。每一滴海水中都有数百甚至数千个浮游植物。

它们没有远距离自主移动的能力，因此它们自由地漂浮在阳光照耀下的深海中。这些人类肉眼看不见的生物就是海洋中的"绿色花园和森林"。

叶绿体的结构

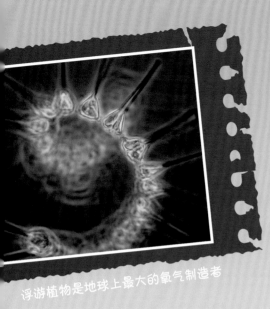

浮游植物是地球上最大的氧气制造者

我们呼吸的氧气会来自海洋吗？

每天，落叶林、针叶林和热带雨林中的所有植物都在向大气释放生命之氧。然而，在陆地上，许多地方都是没有植物的沙地或岩石荒地。陆地仅约占地球表面积的30%，而海洋则高达70%。海洋里到处漂浮着产生大量氧气的浮游植物。

海水几乎容纳不下这些氧气。因此，氧气从水中释放到大气中，就像拧开汽水瓶盖时释放气体一样。因此，此时此刻我们吸入的一口氧气，可能就是海洋中某个地方的浮游植物产生的。

大部分氧气来自哪里？

长期以来，科学家们一直在问自己一个难题：陆地植物能产生多少氧气，海洋植物能产生多少氧气？他们求知若渴，经过长期艰苦的研究，终于得到了一个极其惊人的答案：海洋植物产生的氧气比陆地植物产生的氧气更多！据计算，地球大气中大多数的氧气是由海洋中的浮游植物和其他海洋植物产生的。因此，海洋是我们地球的巨大"蓝肺"。

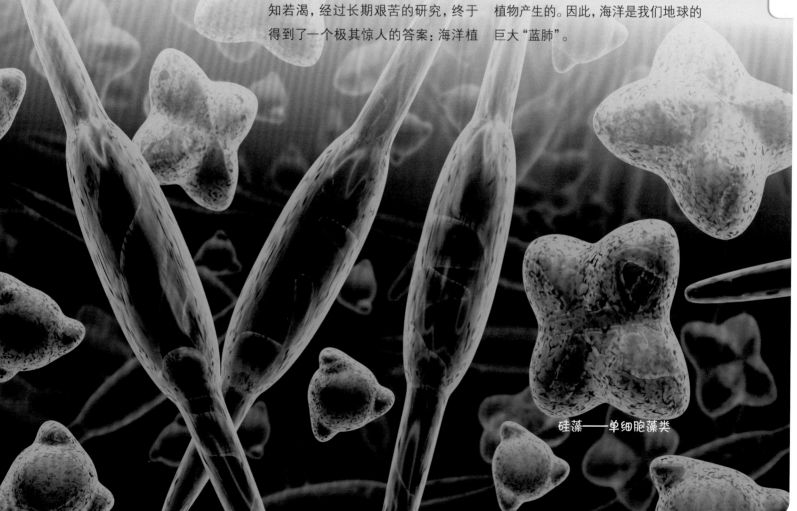

硅藻——单细胞藻类

水华

在温暖的日子里，海洋的水有时会变成蓝绿色甚至红色。此外，水面上还会出现一种恶臭的胶状物，泡在这样的水中让人难以忍受，而罪魁祸首就是微小的浮游植物。当环境条件对它们特别有利时，它们的数量就会迅速增加，以至于水的颜色也发生了变化。这种浮游植物大量出现的现象被称为水华。

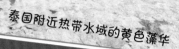

泰国附近热带水域的黄色藻华

38

为什么水被染色了？

水被染色，也就是当浮游植物大量繁殖时，水改变了颜色。这种情况通常发生在清澈、温暖、富含大量营养矿物质的水中。虽然浮游植物是肉眼看不见的生物，但当它们大量繁殖时，水就会呈现出它们身体的颜色。根据水中主要的浮游植物的种类，水的颜色可以是蓝色、绿色、橙色甚至红色。

绿色的波罗的海

在波罗的海炎热的夏季，海水经常会变成绿色。我们会看到海面上漂浮着一层厚厚的胶状物，散发着难闻的霉味和腐烂的草味。造成这种情况的罪魁祸首是蓝绿藻类——水华束丝藻和泡沫节球藻。这样的水可能会危害我们的健康。我们接触到这种水，身上可能会出现皮肤发红和发痒的症状。

更危险的是，这种绿色的水可能会让人窒息。波罗的海的蓝绿藻中含有一种叫神经毒素和肝毒素的有毒化合物，会损害人体的神经系统、肝脏、肾脏、心脏和肠道。因此，如果你看到绿色的、长满蓝绿藻的水，千万不要下水，因为泡在这样的水里既不惬意，也不健康。

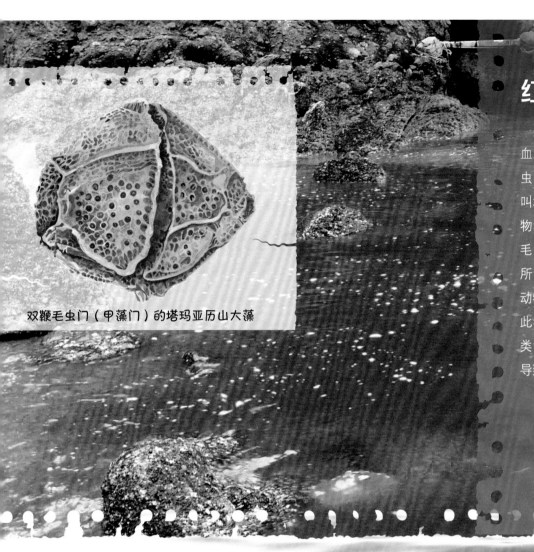

双鞭毛虫门（甲藻门）的塔玛亚历山大藻

红色杀手

在温暖的海域，海水有时会变成血红色。最常见的罪魁祸首是双鞭毛虫门（甲藻门）的微小生物。其中一种叫塔玛亚历山大藻的物种对于海洋动物和人类来说都是极其危险的。双鞭毛虫门（甲藻门）生物分泌的毒素，即所谓的石房蛤毒素，会毒害小型浮游动物。由于浮游动物会被鱼类吃掉，因此毒素会在这些鱼的组织中积累。人类食用这种鱼是非常危险的，可能会导致死亡。

绿色藻华

波罗的海的"绿水"

像是
科幻电影中的生物

世界海洋里生活着无数"不善游泳"的小动物,它们大部分时间都懒洋洋地漂浮在水面上,这些微小的生物被归类为浮游动物。它们包括各种原生动物、轮虫动物和甲壳类动物。在甲壳类动物中,有大量的磷虾目、桡脚类、枝角目和糠虾目动物。虽然它们的外形会让人联想到科幻电影中的异形生物,但它们中的很多都非常小,我们肉眼几乎看不到它们。尽管浮游动物体形很小,但它们却是捕食者。它们以比自己小的浮游生物或死亡生物体的小颗粒为食。

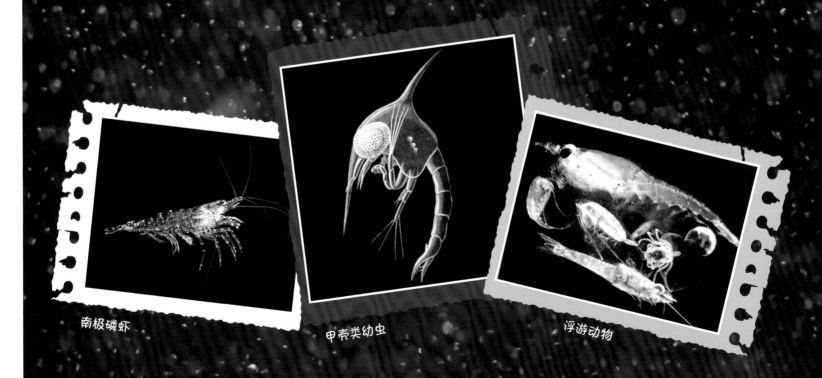

南极磷虾

甲壳类幼虫

浮游动物

无处不在的生物

在海水中，小型生物随处可见。然而，浮游动物的主要食物——浮游植物，大多数都聚集在海面附近。小型生物的分布主要取决于水中的光照、温度和盐度。每种生物都有自己的偏好，因此它们会出现在最适合它们生存的地方。由于浮游生物不能移动很远，而是被动地漂浮在水面上，因此大面积水域的温度、盐度和光量的突然变化往往会对这些敏感的生物造成致命的影响。

食物链的重要一环

海洋水域中栖息着无数浮游动物。它们吃掉大量浮游植物，从而限制了浮游植物的过度生长。因此，浮游动物通过摄食浮游植物来调控浮游植物的数量，防止浮游植物过度繁殖。浮游动物又被鱼类和鲸类等许多其他动物吃掉。因此，如果这些微小生物突然消失，那么海洋中就会出现食物链危机，许多动物就会饿死。

浮游动物会迁移吗？

尽管浮游动物体形小且"游泳能力"差，但许多种类的浮游动物仍会进行长时间的垂直迁移。当海洋上空是白天时，这些浮游动物会停留在暮光层，从而使以它们为食的鱼类不易看到它们。然而，当夜幕降临时，它们开始灵活地移动小小的腿部，游向水面。在这里，它们在夜色的掩护下，大快朵颐地捕食沉睡和等待天亮的浮游植物。随着黎明的到来，浮游动物开始移动它们的腿部，但这次它们向下移动到了暮色深处。

在那里，它们安全地等待着夜幕降临，然后再次上浮捕食。这种觅食之旅每天都会进行，被称为昼行垂直迁移。虽然这些生物体形很小（仅有几厘米），但在深海中，它们的垂直移动距离可达500米。

蓝鲸吃浮游动物

鲸鲨是一种以浮游动物为食的鱼类

水母主要以浮游生物为食

危险的刺胞动物

水母是一种刺胞动物，其身体大约有95%由水组成。它们就像出没于海洋隐秘处的慵懒幽灵。虽然它们看起来人畜无害，但却是大型浮游动物（即所谓的巨型浮游生物）的捕食者。

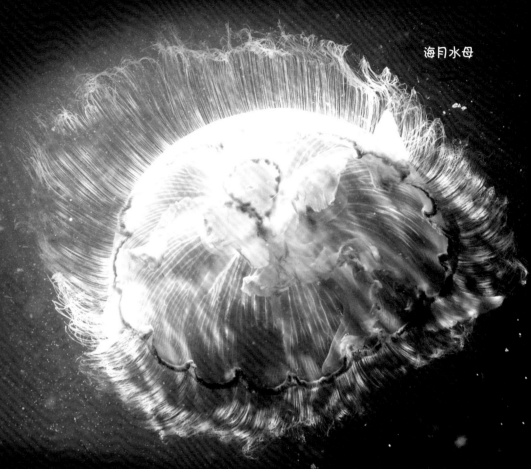

海月水母

捕食技巧

水母的食物通常是浮游动物，不过有些水母也能捕获体形较大的鱼类。它们首先用刺细胞使猎物失去行动能力，然后将猎物移到位于身体底部的口中。

几乎所有水母都会蜇人，尽管人类并不总是能感觉到。虽然波罗的海的海月水母并不危险，但生活在温暖海域中的水母却能用毒液杀死人类。我们必须牢记这一点，以防万一，千万不要触碰任何水母！

水母的身体是透明的，有时会染上不同的颜色

水母如何蜇人？

危险水母的身体上挂着长长的触须。触须的表面布满了数百万个刺细胞。多亏了它们，水母能够捕捉并麻痹猎物。这些刺细胞中有充满毒液的鱼叉状结构——刺丝囊。

当我们触碰到水母的触须时，刺丝囊就会立即被触发并射出毒液，猛烈的毒液就会开始输送。被蜇伤部位会出现严重的发红，皮肤开始灼伤。

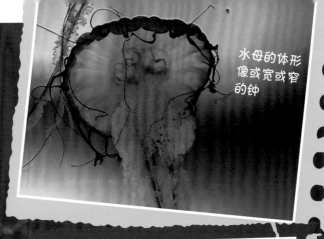

水母的体形像或宽或窄的钟

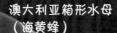

澳大利亚箱形水母（海黄蜂）

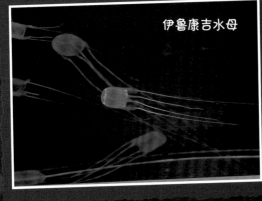

伊鲁康吉水母

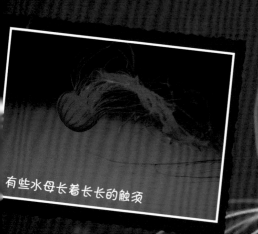

有些水母长着长长的触须

致命的伊鲁康吉水母

在温暖的海水中生活着一种比海黄蜂更危险的水母。它被称为伊鲁康吉水母，是地球上对人类最致命的生物之一。它的外形就像一个长0.5~3厘米的透明小方块。它身上会长出线状的、配有刺细胞的4根长5~100厘米的触须。很少有生物能在伊鲁康吉水母致命的触碰下存活下来。人类被蜇伤几分钟后就会感到剧痛、全身抽搐和瘫痪。因此，即使是游泳健将也往往无法在被蜇伤后继续向前游，从而溺水身亡。即使有人成功上岸，如果没有专业的医疗救助，其存活的概率仍然很小。

捕食的水母

水母用刺细胞捕捉猎物。有些种类的水母在很长的触须上有刺细胞，当它们在水中张开时，就像一张伸展的大网，这使得水母能够在周围大面积的水域中捕捉猎物。有时，几厘米长的水母甚至拥有数米长的触须，只要轻轻一碰就会致命。这种水母就像一台联合收割机，能消灭沿途遇到的所有生物。

恐怖的海黄蜂

海黄蜂是一种栖息在澳大利亚和亚洲海岸之间温暖海域的水母。成年的海黄蜂平均有足球大小（直径可达35厘米），重达2千克。每只海黄蜂的身体上都长着一丛3米长、带有刺细胞的触须。它们产生的毒液对人类非常危险。被蜇伤后几分钟，毒素就会进入整个循环系统，可以致人死亡。

巨型水母

有些水母因其巨大的外表而让人既惊叹又害怕。有些水母栖息在海洋深处，有些则游弋在海面附近。它们的刺细胞会给人类带来严重的灼烧感。它们的体形类似于巨大的雨伞或蘑菇，有的比成年人还要大得多。有时，海洋中这些庞然大物的数量多得吓人。大型水母最常见于温暖的海洋水域，不过也有一些栖息在寒冷地区。

巨大的桶水母

桶水母生活在大西洋和地中海的海面附近。它的身体直径可达1米，自由垂下的触须长约2米。它们的触须丛可以为1厘米大小的、以水母未消化废物为食的小型甲壳类动物提供一个安全的家和绝佳的藏身之处。

桶水母

黄金水母属

狮鬃水母

在大西洋和太平洋北部地区的寒冷水域，你可能会遇到狮鬃水母。它们主要栖息在数米深的水中，因此我们很少有机会在水面上看到它。这也许是件好事，因为狮鬃水母的体形可能会吓到很多人。

狮鬃水母的身体是一个巨大的、胶状的钟形，直径可达2米。它身上长着一丛长长的、近30米长的带有刺细胞的触须。

黄金水母属

黄金水母属栖息在北美洲西海岸附近及帕劳等地的海域中。这种暗红色的、巨大的胶状钟形，直径可达1米，触须长达6米。

越前水母

在中国和日本之间的太平洋温暖水域中，栖息着一种越前水母（野村水母）。它是水母中名副其实的"相扑选手"。它的钟形身体直径可达2米，重量可达200千克。这种巨型水母有时会数以百计地出现在海岸附近，并被渔网缠住。把这样合计重量数吨的水母拉出水面简直是奇迹。已经有不止一艘渔船因渔网中有大量越前水母（野村水母）而差点沉没。

狮鬃水母

越前水母（野村水母）

水下建筑

珊瑚礁是由被称为珊瑚的动物骨骼组成的巨大水下结构。它们多形成于岛屿和大陆海岸的大陆架浅水区。有些珊瑚礁很小，有些则大到能够沿着海底绵延数千千米。每年都有数以百万计的游客潜入水下观赏这些生机勃勃、色彩斑斓的水下建筑。

太平洋法属波利尼西亚岛屿沿岸的珊瑚礁

与虫黄藻共生

虫黄藻生活在珊瑚体内

热带珊瑚的体内有一种属双鞭毛虫门（甲藻门）的虫黄藻。它们非常小，只有在显微镜下才能看到。虫黄藻能进行光合作用，通过太阳能创造食物。它们与珊瑚分享食物，而珊瑚则为这类双鞭毛虫门（甲藻门）生物提供庇护所和生命所需的矿物质。

珊瑚90%的食物是虫黄藻，只有10%是珊瑚借助带有刺细胞的触须自己捕获的猎物。因此，如果没有虫黄藻，珊瑚将无法生存。

珊瑚礁分布在哪里？

由于有了能进行光合作用的虫黄藻，大多数珊瑚物种都栖息在阳光充足、水深约70米的水域中。构成热带珊瑚礁的珊瑚是嗜热动物，它们生活在热带水温高于18°C的清澈海域。

有寒冷洋流的地方则见不到珊瑚。作为特有的海洋动物，它们栖息在盐度为32‰~42‰的水域中，这就是我们不会在含盐河口找到它们的原因。

这种"红色灌木"并不是植物，而是一种叫柳珊瑚的珊瑚群落

多室珊瑚屋

单个珊瑚标本的大小一般为1~3毫米，最大可达3厘米。在珊瑚的生长过程中，它们会在其脆弱、松散的身体周围形成坚硬的石灰岩外壳，这就是它们的房子。它们从房顶伸出用来捕捉小型浮游动物的带刺触须。随着时间的推移，珊瑚不断分裂，形成新的个体。每一个个体都在现有的骨架上加盖"墙壁"。这样，动物们就像生活在城市里的公寓楼一样。珊瑚群中的居民数量在不断增加，尺寸也在不断扩大，甚至可能扩大到数米宽。

这个珊瑚群看起来像人的大脑

大堡礁

大堡礁是地球上最大的珊瑚礁。它是如此巨大，以至于可以从太空中的卫星上看到它。这座"大都市"的宽度为60~250千米，长度为2 300~2 600千米。这座生机勃勃的"水下之城"位于澳大利亚东北海岸附近，里面有大量鱼类、龟鳖目动物、双壳纲动物、腹足纲动物、鸟类和哺乳动物。这里的珊瑚礁已有5 000~10 000年的历史，并且目前还在不断增长。

从高处也能看到大堡礁

珊瑚礁是海龟的家园

海洋之花

海葵是一种外形酷似花朵的动物。尽管它们与珊瑚有亲缘关系并具有许多共同特征，但并不是一群具有坚硬骨架的固定定居群落。每只海葵都是独立的动物，身体柔软，可以沿着海底移动。它们的颜色非常迷人，以绿色、红色、棕色和黄色为主，色调鲜艳。它们喜欢独居，但有时也能发现成群的海葵。成群的海葵看起来就像花坛一样，是真正的视觉盛宴。因此，海葵虽然是动物，却被俗称为"海洋之花"。

"带着羽毛"的动物

海葵在冷水区和暖水区均有分布。海葵呈桶状，顶部有一个开口，开口周围是浓密的、色彩斑斓的羽状触手。它们的身体底部有底盘，借助这个底盘可以将自己吸附在岩石或一些坚硬物上。这可以防止湍急的水流把海葵带到不适合生存的海域。当海葵发现自己的栖息地开始缺乏食物或变得不安全时，它们也会沿着海底移动。不过，海葵不是短跑运动员，它们在海底的行进速度相当缓慢，通常每天最多移动50厘米。

每只海葵都是独立的动物

海葵是一种外形酷似花朵的动物

带刺的"猎人"

虽然海葵既没有眼睛也没有耳朵，但它们对周围发生的一切反应十分灵敏。当受到惊吓时，它们会迅速收缩长长的触手，然后藏在岩石缝隙中，让人几乎看不见。海葵的猎物是小型甲壳类动物或鱼类，它们不必追逐，只需等待，肯定会有"马虎鬼"靠近。然后，它们就会先用刺细胞麻痹猎物，再用触手将猎物拉入口中。

海葵的朋友

任何靠近海葵触手的动物都有可能被蜇伤。大鱼能逃过一劫，而小鱼则会被刺细胞分泌的毒素麻痹。然而，一种名为眼斑双锯鱼的小鱼身上覆盖着一种特殊的黏液，这种黏液的化学成分与海葵触手的分泌物的化学成分相似。因此，海葵会将眼斑双锯鱼视为自己的触手，不会攻击它。

它们双方互惠互利。海葵为眼斑双锯鱼提供庇护所和吃剩的食物碎片，而眼斑双锯鱼则在海葵的触手之间游动，改善它们之间的水流。此外，眼斑双锯鱼还是掠食性鱼类的良好诱饵——当掠食性鱼类靠得太近时，它们就会成为海葵的猎物。

公主海葵的直径可达1米

寄居蟹藏身于螺壳里

螺壳上的海葵让螃蟹几乎隐形

眼斑双锯鱼和海葵是最好的朋友

聪明的寄居蟹

寄居蟹又名"白住房""干住屋"。这种底栖动物的腹部非常柔软且敏感。因此，寄居蟹常将腹部藏在一个坚硬的螺壳里。当这种装甲式防护足够大时，不仅是腹部，甚至整个身体都可以藏在里面。此外，聪明的寄居蟹还能用钳子巧妙地将海葵放在它所携带的壳上。这样一来，海葵就有了"免费的交通工具"，而寄居蟹也有了更好的"私人安保"——一丛丛带刺的触手。几乎没有掠食者敢攻击这样全副武装的寄居蟹。

濒临消失的珊瑚礁

热带珊瑚礁的世界正在被强浪、水下地震和火山爆发等自然灾难所摧毁。此外，还有一些鱼类、腹足纲动物和海星以珊瑚为食。自20世纪50年代以来，全球气候变暖、人类的有害活动等也加剧了对珊瑚礁的破坏。据估计，目前超过50%的珊瑚礁面临消失的危险。因此，成千上万的珊瑚礁动物可能会失去家园并死亡，还有一些珊瑚礁动物将不得不游到其他地方，甚至是很远的地方去。

珊瑚礁白化

珊瑚礁为何逐渐白化？

珊瑚礁原本是白色的，但由于体内的虫黄藻带各种不同的色素，从而使珊瑚礁呈现出绚丽的色彩。由于全球气候变暖，海洋中许多地方的海水温度过高。当环境条件发生明显的变化时，共生虫黄藻就会离开或者死亡，使珊瑚礁变白，这种现象被称为珊瑚礁白化。目前，数千千米长范围的海底都是这样的白色珊瑚礁。

珊瑚礁的白色部分看似吸引人，但却是病态的表现

贪吃的棘冠海星进食后只留下了珊瑚骨骼

棘冠海星

珊瑚的最大杀手是一种叫棘冠海星（长棘海星、魔鬼海星）的动物。其身体呈深紫色，直径为25~35厘米，由放射状展开的"手臂"组成，"手臂"上布满了锋利的毒刺。有了这些毒刺，很少有动物敢捕食它们。这种棘冠海星的"嘴"位于身体的下部。它们就像吸尘器一样，在珊瑚群中穿梭并大肆啃食，最后留下干净、光秃的珊瑚骨骼。这群永远饥肠辘辘的棘冠海星食量惊人，一年之内就能吃光海底数千米长范围内的珊瑚。

破坏性的人类活动

人类活动也会导致珊瑚礁死亡，特别是工业废水污染、石油平台（钻油平台）或受损大型油轮的漏油事件（原油外泄）对珊瑚礁构成了严重威胁。

尽管明令禁止，但有时还是有人在珊瑚礁区域通过沿海底拖拽强力渔网或通过在水下引爆炸药的方法来捕鱼。这两种野蛮的方法都会对珊瑚礁造成严重破坏，有时甚至会将它们夷为平地。

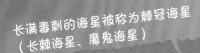

长满毒刺的海星被称为棘冠海星（长棘海星、魔鬼海星）

不再有动物栖息的死亡珊瑚礁

不要再把珊瑚当作纪念品了！

在海边度假时，一些游客喜欢把珊瑚当作度假纪念品带回家观赏，这也是对珊瑚礁的一种破坏。请记住千万不要这样做，因为珊瑚是受保护的。凡私自携带珊瑚者都可能被罚款甚至入狱。

深海珊瑚礁

在每个人的印象中，珊瑚礁都是浸没在温暖海水中的色彩斑斓的生物。然而，就在20世纪和21世纪之交，人们有了一个惊人的发现。在深海研究中，人们发现了绵延数千米的珊瑚礁。这些珊瑚礁分布在水深70米至2 000米，甚至6 000米，光照不足，温度为0~4℃的冷水水域中。因此，这些珊瑚礁被称为冷水珊瑚礁。

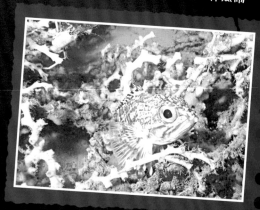
在珊瑚的角落和缝隙里，生活就像大城市的夜晚一样热闹

世界上公认的深海珊瑚礁所在地

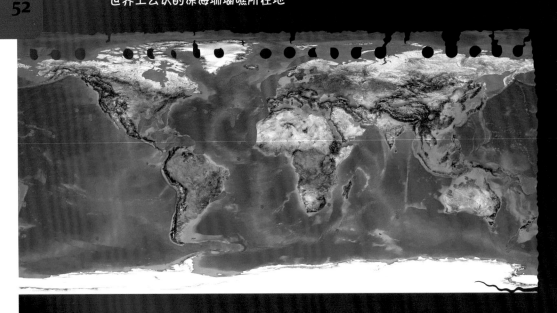

冷水珊瑚礁之地

事实上，在海洋深处的任何地方，我们都能发现或大或小的深海珊瑚礁群。它们既出现在两极地区，也出现在赤道附近。其中最著名的是位于挪威海岸附近的珊瑚礁。这座大型水下城市沿着2~3千米宽的地带绵延约40千米。在某些地方，珊瑚礁结构可能会高出海底一百多米。

欧兰薇雅葵珊瑚

欧兰薇雅葵珊瑚的外形酷似白色的树，其缠绕的"树枝"可长到数米高。由数千棵这样的"树"组成的珊瑚群是许多深海珊瑚礁的坚实基础。

它们的枝杈间的角落和缝隙为动物提供了绝佳的藏身之处。

这些灰白色的灌木状结构是欧兰薇雅葵珊瑚

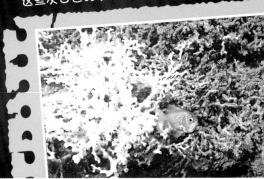

泡泡糖珊瑚

泡泡糖珊瑚看起来就像由膨胀的粉红色泡泡糖组成的泡泡糖灌木丛。这些奇特的珊瑚群多数高度为1~2米，但有的可高达6米。这种奇异的珊瑚生活在水深200~1 300米的黑暗地带。

泡泡糖珊瑚

海笔

在海洋深处生活着一种名为海笔的奇特珊瑚。虽然它的外形很像一根展开的羽毛，但它并不是一个单一的生物，而是一整个像并排坐在一根小树枝上的动物群落。这种羽毛状的生物结构通常能长到30~60厘米高，但也有高达2米的个体。与热带珊瑚的坚硬结构不同，海笔的骨架柔软且富有弹性。因此，整个珊瑚群可以隐藏在沙中，也可以通过摇晃的动作脱离底部并漂流数米。

海笔

53

海百合

海百合

在深海珊瑚礁中，我们可以发现一种看起来非常像灌木的生物。这种奇特的生物就是海百合，属于棘皮动物。海洋中生活着不同种类的海百合，其中一种海百合对深海情有独钟。这种动物可长到10~15厘米高。在它们张开的口周围，不断有羽毛状的、用于进食的"手臂"舒展着。海百合的"手臂"具有再生能力，因此当被捕食者咬断时，它们又会重新长出来。

海底草甸

在岛屿和大陆沿海地区的海底，生长着各种"定居"的植物和其他能够进行光合作用的自养生物。它们柔软、松弛的身体随着水的流动而摆动。它们经常被海浪掀翻在沙滩的岸边。它们通常被称为海底草甸。它们附着在海底的岩石、珊瑚或一些坚硬物上生活。它们需要适宜的光照才能生存，这就是为什么它们大多数都生活在水深约100米的水域中。尽管海底草甸占据了海洋底层"最薄"的部分，但却栖息着无数不同种类的动物。

海洋中的海藻

海洋中栖息着各种能够进行光合作用的自养生物。绿色的称为绿藻，棕色的称为褐藻，深红色的称为红藻。褐藻长得最大。其中，梨形囊巨藻是纪录保持者，其体长可达60米。此外，海底还栖息着各种已经适应了水下世界的有胚植物。它们的体形更加庞大，身体结构包括根、茎和叶，甚至还有花，如广泛分布在海洋中的海草物种——大叶藻。

海藻的分层排列

在这些海洋生物中，存在明显的分层——这是因为在越深的地方，阳光越少。在深海中，海藻找到了适合自己的生存环境，此外，它们还配备了与浅水区生物不同的光合色素来捕捉光线。这就是为什么在较浅的水域里绿藻最为丰富，较深的水域以褐藻为主，而最深的水域则以红藻为主。

被称为梨形囊巨藻的褐藻，体长可达60米

褐藻

马尾藻海

马尾藻海位于北大西洋西部。它的名字来源于生活在马尾藻海中的褐藻——马尾藻。这些马尾藻漂浮在海面上，形成绵延数千米的巨大"木筏"。有趣的是，这些海藻根本没有从海底或某些海岸线脱离，它们被海浪带到公海上，终生都将漂浮在远离海岸的水面上。它们之所以能够自由漂浮，是因为它们的组织中有一个看起来像葡萄一样的球形气囊。

海底草甸的重要性

海洋的绿色灌木丛可以与陆地上的热带雨林相提并论。海洋中的植物和其他自养生物通过光合作用产生氧气——一种对动物和人类都很重要的赋予生命的气体。此外，大片的海底草甸为许多鱼类、龟鳖目动物、蟹类、腹足纲动物、虾类和其他多种生物提供了栖息地，海藻是绿海龟和许多海洋哺乳动物的主要食物。因此，没有海藻，许多海洋动物就无法生存。

马尾藻这类褐藻一生都漂浮在马尾藻海的海面上

海藻是绿海龟的重要食物

海底草甸

海洋 "刺猬"

我们可以在海底找到外形酷似刺猬的海胆。这种带刺的动物在海底行走的速度非常缓慢,几乎跟蜗牛的速度差不多。通过充满液体的小附肢不断伸长和收缩,海胆能够缓慢前行。海胆有数百种。

如此鲜艳的颜色是一种
警告——最好别碰我!

海胆可以用"牙齿"挖掘水下岩石

海胆的生活

有些海胆看起来像扎人的球,而有些则完全扁平,就像圆形饼干。大多数海胆的直径为6~12厘米。

海胆在海洋中分布广泛。它们栖息在温暖和寒冷的水域中,从浅滩到深海都有。有些海胆甚至可以生活在7 000米深的海沟中。

亚里士多德提灯

海胆的口位于身体底部的中间。从这里露出的咀嚼器官被称为亚里士多德提灯。它由5块坚硬的、钙质的、径向排列的口板组成，外形酷似陆地老鼠的锥形牙齿。多亏了这样的"牙齿"，海胆才能啃食岩石表面的海藻并嚼碎食物。有一种海胆的小"牙齿"非常坚固，可以咬碎水下的岩石。

海胆在岩石表面挖掘、啃咬出一个洞，然后将其作为安全的藏身之处生活在那里。

海胆的口部咀嚼器——亚里士多德提灯

喇叭毒棘海胆通过将带有毒液的微型"镊子"刺入入侵者来保护自己

危险的刺

海胆尖锐的刺是抵御入侵者的绝佳武器。被这种尖锐的刺刺到会给人带来剧烈的疼痛感，并持续数小时。此外，海胆的刺非常脆弱，往往在刺入人体后立即断裂。更糟糕的是，这种刺的末端还有微型钩子和毛刺，使得清洁被刺伤的皮肤变得非常困难，伤口愈合非常困难，细菌感染也很常见。

有些海胆，如看起来像花球一样的喇叭毒棘海胆，有对人类非常危险的毒腺。它们产生的毒素使人在被蜇伤后几分钟内就会产生剧烈的疼痛感甚至全身瘫痪，这可能会导致潜水员溺水。

沙钱

一些种类的海胆看起来根本不像带刺的球。它们的刺又短又软，体形扁平呈椭圆形，很像饼干或旧时的1英镑硬币。因此，它们又叫沙钱。沙钱可以在海底找到，它们成群结队，有数百个个体。它们的体色有绿色、紫色、近黑色或棕色。它们的底部有数千条短短的管足，因此它们可以在沙底移动。

海胆锋利的刺是对付攻击者的利器

沙钱扁平，没有尖锐的刺，它也是一种海胆

不寻常的双壳纲动物

从浅滩到海洋深处都能找到双壳纲动物。它们的特点是有两片叶状的外壳，可以保护柔软的身体。其内部有一个进水和出水的虹吸管和一对改良的鳃。有了这些，双壳纲动物在过滤水的同时，还能从水中吸取小悬浮物和浮游生物形式的食物以及氧气。

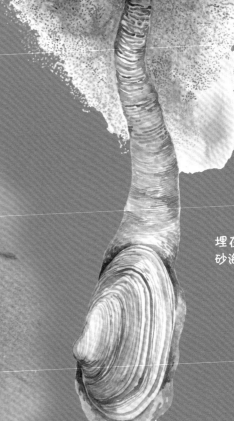

埋在沙子里的砂海螂

砂海螂

步行者和钻孔者

许多双壳纲动物都能在水底行走，这要归功于它们肌肉发达的"脚"。它们将"脚"向左和向右各弯曲一次，然后像犁一样将沙子向两侧分开，就可以沿着海底缓慢移动。有时，你可以在泥沙混浊的海底看到狭长的沟槽，这就是其行走的轨迹。

有些双壳纲动物在静止不动时，会旋转"脚"，以这种方式深深地钻入海底。砂海螂的外壳呈白色椭圆形，在波罗的海的海滩上随处可见，它可以钻入泥沙底部达 0.5 米深。它只需把细长的虹吸管末端露在外面，通过虹吸管从水中吸取氧气和食物就可以存活。

巨型双壳纲动物

海洋中最大的双壳纲动物是生活在太平洋温暖水域的大砗磲。它厚重的外壳长约1.5米，重约250千克。这样大的体形意味着太平洋岛屿的居民经常用它的壳做脸盆或浴缸来给孩子洗澡。

多彩的共生关系

附着在海底的大砗磲，呈三角形状，边缘呈波浪形。在这些边缘之间，可以看到内部的蓝绿色褶皱，让人想起别致的连衣裙裙边。这种鲜艳的颜色是单细胞藻类——虫黄藻与大砗磲共生的结果。虫黄藻是进行光合作用的生物，在太阳的作用下能为自己生产食物。

虫黄藻与大砗磲分享部分食物，而大砗磲在壳瓣之间为虫黄藻提供庇护所。感恩的大砗磲对它们这些小小的"食物供应商"照顾有加。这对组合总是栖息在阳光充足、距离水面几米深的地方。

大砗磲

有"眼睛"的跳跃扇贝

欧洲大扇贝是一种双壳纲动物，在壳内靠近边缘的地方有像芝麻一样的小型传感器。这些传感器就像一双双对光敏感的眼睛。有了它们，大扇贝就能知道周围是暗还是亮。如果天色突然变暗，扇贝就会知道入侵者可能就在附近，因为入侵者的影子已经投射到扇贝身上了。在真正危险的时候，受惊的扇贝会打开壳，将水吸入体内。然后，迅速合拢两半壳，使水柱通过狭窄的虹吸管向外喷射。这样，扇贝就像喷气式水下飞碟一样从海底抬升。当"起飞"时，它开始有节奏地拍击外壳，使其能够一次在海底游动半米左右的距离。有时它会进行几次这样的跳跃，从而避免被移动较慢的海星吃掉。

蓝色小球是扇贝的传感器

欧洲大扇贝

水下"珠宝商"

在双壳纲动物中，也有能产珍贵珍珠的动物，其中尤以珠母贝和大珠母贝为甚。珍珠的形成是双壳纲动物的一种防御机制，因为它们希望自己能生活在属于自己的"贝壳小屋"。当有东西进入贝壳并附着、钻入或卡住时，双壳纲动物就会试图将其移除。双壳纲动物对沙粒还能应付自如，但要摆脱微小的寄生甲壳类动物就困难得多。这些生物有时会将自己牢牢地吸附在双壳纲动物的内部。因此，它们让双壳纲动物十分恼火，唯一的办法就是把入侵者永远关进"监狱"。双壳纲动物会在寄生虫周围分泌珍珠质，将入侵者包围起来，形成一颗椭圆形的珍珠。

珠母贝是珍贵珍珠的最佳制造商

水手的恐惧

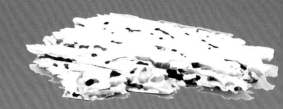

木头上的大圆孔是船蛆活动的痕迹

温暖的海水中生活着一种不起眼的双壳纲动物——船蛆。它们最喜欢吃木头，许多船只因船体被船蛆蛀蚀而沉没，这使得它们在木帆船时代臭名昭著。如果木质沉船没有很快被一层沙子或淤泥覆盖，往往会被船蛆蛀蚀。因此，现在很少在海底发现木质沉船。短短几年、十几年的时间，这些贪吃的双壳纲动物甚至可以将一艘大型木帆船彻底摧毁。

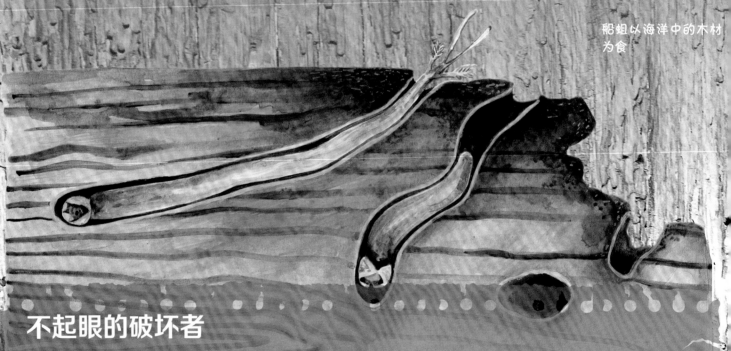

船蛆以海洋中的木材为食

不起眼的破坏者

船蛆的身体呈蠕虫状，长20~30厘米，直径约1厘米。它们的一生几乎都在其吃过的木头通道里度过。它们利用位于身体前部的具有锋利边缘的双叶壳来钻孔。

受到船蛆攻击的木质船体或木码头会像海绵一样吸水并散架。船蛆和其他双壳纲动物一样，也能捕食被称为浮游生物的微小生物。

船蛆从像窗户一样的木洞中伸出的小管子被称为虹吸管。它用进水虹吸管吸水，过滤水中的浮游生物后，再用出水虹吸管将水排出体外。

船蛆与无敌舰队

在15世纪和16世纪的木帆船时代，船蛆曾给水手们带来了极大的困扰。克里斯托弗·哥伦布和瓦斯科·达·伽马等伟大的探险家曾被迫在港口停留数月的时间来修补船上的洞。有时，钻入帆船船体的船蛆数量太多，看起来甚至像是一场大规模的袭击。16世纪就发生过这样的情况。当时，由许多帆船组成的西班牙无敌舰队正准备入侵英国。

不幸的是，这些帆船在港口停留的时间太长，船蛆攻击了一艘又一艘船只。船蛆在船体上钻了许多洞，以至于许多船只根本无法驶出港口，因为它们已经被水浸透了。那些侥幸驶出港口的船只航行速度很慢，机动性也很差。可能正因为如此，导致在帆船大战中，西班牙惨败于英国。

船蛆的领地

船蛆喜欢温度高于15°C、盐度高于9‰的温暖海域。这种双壳纲动物最集中的地方是加勒比海等温暖海域。幸运的是，它们很少出现在波罗的海，即使出现也是在波罗的海西部。因此，波罗的海的海底有数以千计的木质沉船，与没有此类沉船的海域形成鲜明对比。大部分的海底木质沉船是17至18世纪的残骸，但也有一些是12世纪的。目前，波罗的海的木质沉船是安全的，没有受到贪吃的船蛆攻击的危险。

在温暖的海域，木质沉船会被船蛆啃食

荷兰画家科内利斯·范·魏林根画作中英格兰海岸附近的无敌舰队

罕见的海蛞蝓

海蛞蝓，又称海兔，是甲壳类软体动物家族中的一个特殊的成员。它们的贝壳已经退化为内壳。海蛞蝓的外形精妙、花哨，颜色鲜亮，但有剧毒，所以大多数的捕食者都会对它们敬而远之。海蛞蝓大多是食草动物，但是也有部分品种会捕食其同类、贻贝、水母或者小鱼。

地纹芋螺

海蛞蝓的亲戚

海螺属于腹足纲，是海蛞蝓的亲戚，它们漂亮的圆锥形外壳上装点着不同的图案。海螺并不主动出击追逐猎物，而是等着猎物送上门来。有些海螺是有毒的，尤其危险的是地纹芋螺和织锦芋螺，它们的毒液可以在短短9分钟内杀死一个成年人。

黑边多彩海蛞蝓

八塔雁盘海蛞蝓

有斑点的海蛞蝓

鸡冠多角海蛞蝓以其黑绿相间的醒目颜色为特点，它是不需要保护壳的软体动物。鸡冠多角海蛞蝓能够用毒液把所有试图攻击它的生物击退。海蛞蝓本身并不分泌毒液，它有时会吃水母，因此会把水母有毒的刺细胞融入自己的身体中。

鸡冠多角海蛞蝓

大法螺

大法螺是腹足纲动物，据说它的名字来源于神话里半人半鱼的海神——特里顿。特里顿在神话里被描绘成手持三叉戟和海螺的形象，而他拿着的海螺正是大法螺。能称得上"大法螺"名号的海螺往往是最大的，其长度将近0.5米。在折断大法螺外壳上的尖角后，古希腊人和古罗马人常把它们当作号角使用。其声音雄浑，让人联想到嗡鸣的汽笛声。号角声方便船员们在航行中顺利交流，鼓舞士兵们鼓足精神去战斗。许多居住在岛屿上的人至今仍旧使用大法螺的壳制作乐器。

大法螺

吸收阳光的海蜗牛

一些海蜗牛是植物和动物的结合体——一种名为绿叶海蜗牛的动物不仅身体是绿色的，甚至它觅食的方式也很像绿叶。这种奇异的动物以小绿藻为食，它们能把吃下的绿藻中所含的叶绿体贮存下来，对其加以利用进行光合作用。

俗称海羔羊的小绵羊海蛞蝓也能进行光合作用，它看起来就像童话中的羔羊和仙人掌的杂交品种

翩翩起舞的西班牙舞者

西班牙舞者

西班牙舞者是一种属于裸鳃亚目的大型海蛞蝓，因其迷人的外表而得名。这种生物不仅能在水底爬行，也能游泳。当它在水底游动时，鲜红色的身体会让人联想到西班牙弗拉门戈舞者旋转的裙摆，所以也被称为"西班牙舞者"。其鲜艳的颜色和奇特的形状是对潜在攻击者的警告："最好不要吃我，我有剧毒！"

带吸盘的
头足类动物

多亏了有吸盘存在，很少能有猎物从章鱼手底下逃脱

在海洋里可以见到不寻常的软体动物——海蛞蝓和贻贝的表亲。这些生物是头足纲动物，正如它们的名字一样，它们看起来就像是从头部长出了腿或手臂，其中包括乌贼和墨鱼。它们柔软的触手底部长着强大的吸盘，这有助于它们牢牢抓住猎物。有8条触手的被称为章鱼。还有一些十足目动物拥有十条手臂。头足类动物最常见的猎物是鱼、蜗牛、贻贝和螃蟹。它们用触手把猎物抓到口中，而坚硬弯曲的喙则用来撕咬食物。

喷气加速系统

乌贼在水底完美隐藏

当头足类动物想要突然加速时，它们会使用喷气式推进系统。其工作原理是首先在外套腔内部充满水，然后把水从身体里使劲喷出，使其在短距离内提高速度。如果在遇到危险时使用喷射加速，还能让敌人眼花缭乱。有的头足类动物会从囊中喷射出一团黑褐色的液体，叫"墨汁"。这种令人印象深刻的加速方式很容易让人联想到喷气式飞机的起飞，后面也跟着一团烟雾。

墨鱼可以呈现出像珊瑚一样的浓烈的色彩

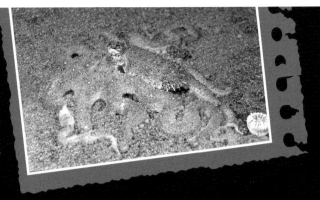

章鱼可以模仿周围环境的颜色和形状，使自己几乎不被看见

完美的伪装

章鱼是伪装大师。它们的皮肤中含有数百万个细胞，这些细胞看起来就像一个个由彩色色素组成的小囊，这些小囊叫"色素细胞"。

在相应的信号（即神经冲动）的作用下，章鱼的肌肉会挤压其中一部分细胞，就像是启动了它们，而另一些细胞则得到放松，从而关闭。通过这种方式，章鱼可以在几秒钟内改变颜色，完美地适应周围环境，使自己几乎不被看见。此外，章鱼皮肤上的增厚、增高和奇异的凸形水泡也能迅速出现和消失。如果章鱼弯曲自己的触手，很容易被看成球形石头、蔓延的珊瑚或是危险的鱼类。

短暂的寿命

所有头足类动物的寿命都很短，大多为3~5年。它们一生只繁殖一次，交配季节过后，就开始迅速衰老。因此，交配后数天或数周，雄性就会死亡。雌性则在水下岩石缝隙、洞穴或珊瑚之间产下数百枚乳白色的小卵。雌性章鱼守护这些卵，直到幼体孵化，然后雌性章鱼就会死亡。因此，小章鱼从一开始就必须自力更生。

巨型章鱼和大王鱿鱼

章鱼的大小取决于其种类，从侏儒章鱼的1.5厘米到北太平洋巨型章鱼的10米不等。大王鱿鱼的体形更大，是地球上最大的无脊椎动物。大王鱿鱼体长可达13米，南极中爪鱿身长可达16米。

大王鱿鱼

北太平洋巨型章鱼

聪明的章鱼

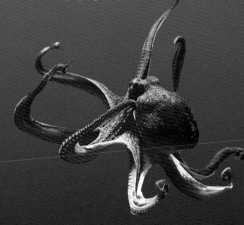

在章鱼每一条触手中都有一个小小的脑子

章鱼是海洋世界中最奇特的头足类动物之一。它们充满智慧，它们的行为举止和解决问题的方式常常让科学家们都感到惊讶。章鱼的智力可能至少接近猫和狗。章鱼不仅仅有大脑，它还能用自己的触手来"思考"并做出决定。

会思考的触手

人类的大部分神经元（负责传输和处理信息的细胞）都位于大脑中。章鱼则不同，绝大多数（超过三分之二）的神经元都位于它的触手上，触手就像是独立的大脑。因此，章鱼的主脑只发出一般指令，娴熟的触手会自己决定如何处理某样东西，抓什么，什么最好不要碰等。因此，章鱼用起触手来得心应手。

两鳍蛸能利用椰子壳给自己搭建巢穴

惊人的智慧

章鱼思维敏捷，有很强的观察力。如果你向它们展示如何做某件事，它们就能轻易地重复你的行为。对它们来说，拧开旋紧的罐子或者摆放一堆石头都是小菜一碟。有些章鱼会躲在自己周围的石头后面，伺机离开水族箱。

还有一些章鱼会长时间随身携带椰子壳，以便在受到威胁时用椰子壳来掩护自己。渔民不止一次看到章鱼用自己的触手爬上船舷，然后在船上吃掉鱼篓里的鱼。

章鱼不仅能游泳，还能在海底用触手行走。

章鱼的文明

雌性章鱼在孵化后代后不久就会死亡。如果章鱼的寿命更长一些，那么雌性章鱼就能够将其一生中获得的知识传授给后代。但事实并非如此。小章鱼们必须独自学习如何在充满危险的海洋世界中生存。这就是为什么只有最聪明、最有智慧的章鱼才能活到成年。不幸的是，这些佼佼者们也无法将学到的知识传授给后代，因为它们也会在交配后死亡。如果章鱼的寿命有3~5年，它们可能早就创造了自己的水下文明。毕竟，它们拥有高级的智慧、灵活自如的触手，还有一定的预测能力和逻辑思维。

章鱼为什么需要智慧？

章鱼的身体柔软，没有坚硬的外壳或刺。因此，对于许多鲨鱼、虎鲸、海豹和海豚来说是很容易捕获的美味猎物，尤其是幼年时期的章鱼。有些章鱼很幸运，在幼年时期没有被吃掉。于是，它们就有了更多的时间来学习如何在避开捕食者的同时又能够安全捕猎。

只有最聪明的章鱼才能一直存活到繁殖期，也只有它们才能将自己的逻辑思维能力连同基因一起遗传给后代，而这种能力将帮助它们的后代在未来继续生活下去。

聪明的章鱼会随身携带贝壳，遇到危险的时候就藏身其中

漂浮的"战舰"

太平洋丽龟

海龟栖居在除北冰洋和南极洲冷水域以外的所有海洋区域。雄性海龟终年生活在水中，而雌性海龟会把卵产在海边的沙滩上。所有海龟都有一个由角质片组成的扁平甲壳。它们的前肢像桨，是主要的推进系统，而后肢则像船上的舵，用来掌握方向。与它们的陆生亲戚不同的是，海龟不能把头、腿和尾巴塞进壳里。它们利用地球磁场在海洋世界中航行。海龟的寿命可达100岁。

海龟之家

在世界各地的海洋中生活着成千上万只海龟，这些海龟可分为7个种类，它们分别是：赤蠵龟、绿海龟、玳瑁、肯氏龟、太平洋丽龟、平背龟、棱皮龟。棱皮龟是地球上最大的海龟。它的体长为2~3米，体重可达900千克。

海龟的饮食

绿海龟是典型的食草动物。它们以海草为食，用锯齿状的下颚切断海草。其他种类的海龟则是典型的食肉动物，它们的下颚边缘光滑锋利，让人联想到剪刀。多亏了这样的构造，食肉海龟可以抓住水母和虾并将其撕成碎片，或者把螃蟹和贻贝的外壳碾碎。

绿海龟

赤蠵龟

游泳健将

海龟是游泳健将。它们通常能下潜到300米深处。潜水最深纪录保持者是棱皮龟，它在捕食深海水母时可以潜至水下1 280米深处。海龟不是鱼类，不能通过鳃来进行呼吸，因此它们需要时不时将头露出水面，以呼吸大气中的氧气。

海龟在水下停留时间为15~30分钟。然而，当它们休息或睡觉时，海龟的新陈代谢会大大降低，因此可以在水下停留更长时间。潜水时间最长纪录保持者是绿海龟，它们最久可以5个小时不浮出水面。

小海龟的艰难生活

所有种类的雌海龟都会上岸到温暖的沙滩上产卵。它们用后腿凿洞，在洞里产下50~200枚卵，然后用沙子覆盖住洞再返回海洋。大约2个月后，几厘米大小的小海龟就会在某个夜晚集体破壳而出。小海龟们从洞里爬出来后，会尽快爬回水里。海滩上常常有成群的鸟和大螃蟹在等着它们，所以只有极少数的海龟能够顺利返回海洋，逃过一劫。但是，海洋中也充满了危险，海洋中有捕食者鲨鱼、海豹和海豚。根据调查，每1 000只小海龟中只有1只能够活到成年。

产卵的雌性海龟

玳瑁

小海龟刚刚破壳而出，就争先恐后地冲向大海

棱皮龟

鱼类滑翔机

鱼经常会跳出水面。它们这样做是为了躲避捕食者、追逐猎物或仅仅是为了玩乐。然而，在南北回归线之间的温暖海洋区域附近，生活着一种非同寻常的鱼——飞鱼。它们不仅游泳技术高超，而且还能跳出水面，在海面上乘风破浪。支撑它们自由翱翔的是其精致的胸鳍，有些种类的飞鱼还有腹鳍。它们的体色有时格外引人注目，身上有各种颜色的条纹、圆点和流线。目前已知的飞鱼有十几种，它们的体长为18~30厘米。

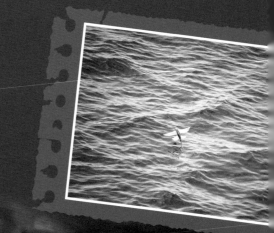

飞鱼启航

飞鱼的肌肉不太发达，鳍又太脆弱，因此它们无法像鸟类挥动翅膀那样挥动鳍。飞鱼的飞行与乘风而起的滑翔机很相似。为了加速，它们首先在水中强烈地来回甩尾巴，每秒摆动50~70次。接下来，飞鱼会游向水面，再一跃而出，像开折扇那样展开胸鳍。它们迎着气流向前方直线滑翔，有时也会轻微弯曲。当速度降下来时，飞鱼就会落回水面，有时为了延长飞行时间或者改变飞行方向，它们会用尾巴拍击水面。

在海面上翱翔的飞鱼

翱翔的大家伙

尽管大多数飞鱼体形较小，但也有一些体形相当大的飞鱼。加利福尼亚海岸边的班尼特飞鱼亚种，体长可达40厘米。它们远在日本海的亲戚——羽须唇飞鱼甚至更为巨大，身长可达50厘米，体重1千克左右。

飞鱼有着精致的胸鳍

飞鱼为什么要飞？

飞鱼不寻常的飞行能力是抵御捕食者的一种防御机制。飞鱼有许多天敌，其中最危险的是金枪鱼、旗鱼和马林鱼等速度很快的海洋鱼类。飞鱼通过跃出水面、滑翔和降落在离起飞点一定距离的地方这一系列动作，大大增加了保命的概率。海水的透明能见度比空气低，因此飞鱼有时只需距离捕食者几米远就能从它们的视野中完全消失。

金枪鱼是最凶恶的捕食者之一，飞鱼在它面前会落荒而逃

飞行记录

飞鱼的飞行距离主要取决于它们在水中获得的速度和风的强度。大多数情况下，它们飞行十几米后就会落回水里。然而，如果能借助有利条件，飞鱼滑翔的时间可以长达45秒，飞行距离为200~400米。

在飞行过程中，飞鱼的速度有时会达到每小时70千米并且能跳跃到6米的高度。有时候，这样的高空加速会让飞鱼落到船的甲板上，这往往会让水手们大吃一惊。

开始展翅翱翔的飞鱼

旗鱼是飞鱼的天敌之一

弹涂鱼
Periophthalmus sp.

身体	长:	可达25厘米
	重:	可达50克
寿	命:	5年
分	布:	非洲西海岸或印度洋–太平洋沿岸

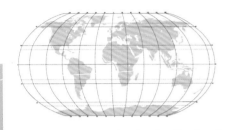

72

弹涂鱼

在温暖的海洋沿岸水域生活着一种特别的鱼类——弹涂鱼。这种小鱼无论是在水中还是在陆地上都能适应。它不仅会游泳、爬行，还能跳跃，而且跳得很高。大部分弹涂鱼的一生不是在水中度过的，而是在陆地上度过的。此外，它还具备鱼类所没有的特殊能力，可以轻松爬上沿岸生长的灌木丛或红树林。弹涂鱼的存在生动证明了，海洋是多么奇妙的世界啊！

宽额头

鼓出的眼睛

攀爬的技巧

短小但有力的胸鳍帮助弹涂鱼在陆地上爬行。弹涂鱼爬行时交替移动两边的胸鳍，有时候也同时发力，它的行进方式和船桨相似。此外，弹涂鱼的腹鳍像吸盘。多亏了有背鳍，它们才能附在露出水面的岩石上。这种动物非常勇敢且好奇心旺盛，会爬上歪斜的红树枝，从高处观察周围的环境。

长长的圆柱形身体

用胸鳍爬行的弹涂鱼

弹涂鱼在泥滩上待得比较久

在水中弹涂鱼用鳃呼吸

弹涂鱼怎么呼吸？

当弹涂鱼在水中游动时，就像其他鱼类一样用鳃呼吸。当它们上岸时就会关闭鳃盖，用湿润的皮肤表层进行呼吸。因此，弹涂鱼要格外小心干涸，因为这会威胁它们的生命。此外，弹涂鱼通过张开和闭合嘴巴进行呼吸，因为它们的口腔、鳃腔的内壁上分布着细密的毛细血管网，可以直接从空气中吸收氧气。

勇猛好斗

弹涂鱼群居而生，彼此间的领地相距约1米。它们在生活的区域内建造小水池，并用泥沙做的堤坝把自己和邻居分隔开。每条弹涂鱼都会密切关注自己的领地，观察周围是否有不速之客靠近。雄性弹涂鱼无法容忍同类之间的竞争和拜访。当入侵者出现时候，领地的主人就会竖起背鳍并龇牙咧嘴。如果恐吓不起作用，就会发生类似摔跤的斗争，被打败的一方落荒而逃。

跳跃的捕食者

弹涂鱼以小型动物为食，主要是小鱼、小螃蟹和小虫子，上岸是为了捕食美味的猎物。弹涂鱼弹跳时抬高鱼尾，能够跳到50~60厘米的高度。通过这种方式，弹涂鱼就能出其不意地捕捉到沙滩上的小虫，也能跳到石头上或者是低矮的红树枝头。

在陆地上弹涂鱼通过皮肤呼吸

弹涂鱼恐吓竞争者

并非所有的鱼都是"哑巴"

水听器可以听到鱼的各种声音

如果我们想在水族箱中听到普通金鱼、孔雀鱼或纱罗尾金鱼的声音，我们会大失所望，因为这些鱼都不会发声。但是，所有鱼类的听觉都十分灵敏，也就是说，它们能捕捉到由声音和动物经过它们附近时所引发的水的振动。海洋中的鱼类不仅能听到声音，还能发出自己的声音。水下的咯咯声、喇喇声、咔哒声和咕噜声有时只持续半秒钟，就像在交谈。这完全推翻了"鱼类没有声音"这种说法。海底世界里充满了这些本应沉默的生物所发出的各种声音。

能听到鱼的对话吗？

鱼类发出的大多数声音都非常细微，只有在水下放置一个灵敏的水听器并放大所记录的声音才能捕捉到它们的对话。有了这个装置，我们发现水下的珊瑚礁环境中充满了令人难以置信的声音，这堪比春天的森林里热闹的声响。然而，有些鱼类是真正的响亮的"行吟诗人"。在交配季节，斑光蟾鱼会发出响亮而持久的嗡嗡声，在陆地上也能听得一清二楚。

鱼如何说话？

当鱼类摩擦喉咙中坚硬的骨质结构（即所谓的咽头齿）时就会发出声音。接下来，声音被充满气体的鱼鳔放大，鱼鳔就像吉他中的共鸣箱。也有一些鱼类仅靠鱼鳔就能发出声音。它们猛烈而快速地挤压和扩张鳔周围的肌肉，鳔就会开始振动并发出嗡嗡声。

斑光蟾鱼

喋喋不休的鱼

在热带海洋水域的珊瑚礁附近可以发现最"健谈"的鱼类。它们不仅能发出单调音，甚至还能发出变调音。特别有天赋的是海湾豹蟾鱼，鱼如其名——它们特别擅长发出喘息声和咆哮声。

脂眼凹肩鲹则像一个弹来弹去的大橡胶球，发出嘎吱嘎吱的声响。有趣的是，我们常常吃的大西洋鳕鱼在交配季节发出的声音听起来像木筷子轻轻敲击桌面的声音。

鱼类为什么要出声？

鱼的声音是个体间交流的一种方式。许多鱼类在交配季时会发出声音来吸引对方的注意。雄鱼试图用有趣的对话吸引雌鱼的注意。有些声音则具有排斥作用。当一条鱼看到入侵者接近它的领地时，就会试图赶走对方。为此，它会发出数声警告。此外，其他的声响也是鱼群行动的重要指令或预示着即将发生危险。

大西洋鳕鱼

脂眼凹肩鲹鱼群

75

危险的鱼

海洋里生活着许多对人类来说非常危险的毒鱼。然而，几乎没有毒鱼会无缘无故地恶意攻击人类。往往是由于人类离它们太近，进入它们的领地或无意中踩到它们，毒鱼就会自卫。毒鱼的尖刺扎入人体时，会注入强效的毒素。人立即会感到剧痛、肌肉麻痹、呼吸困难甚至心脏骤停，尤其是对毒素过敏的人以及儿童和老人会短时间内迅速死亡。

狮子鱼

阴险的玫瑰毒鲉

玫瑰毒鲉可长到30~40厘米长，重约2千克。这种鱼藏身于岩石间和珊瑚礁的角落里，或者把自己埋在沙底，看起来就像一块海底的石头。它一动不动地等待着路过的小鱼和甲壳类动物，然后猛地把它们吞进嘴里。玫瑰毒鲉对自己的伪装和毒刺非常自信，因此人类可能没有注意到这种毒鱼并一不小心踩到了它。

带条纹的狮子鱼

狮子鱼身上有五颜六色的条纹，它们的鳍沿着身体展开，就像一双翅膀或飘扬的旗帜。鳍上的触须是危险的毒刺，这让狮子鱼无所畏惧。狮子鱼种类繁多，平均体长可达40厘米，体重达1千克。它们以比自己小的鱼类、螃蟹和虾为食。狮子鱼游得很慢，好像在骄傲地说——你最好别碰我！

在海底几乎看不见玫瑰毒鲉

尾魟目

　　尾魟目鱼类中对人类最危险的是鳐科和魟科鱼类。它们的身体是狭窄的盾形，体长因种类而异，从几厘米到3米不等。所有的鳐科和魟科鱼类都有一条长长的尾巴，看起来像一条细细的鞭子，尾部是一根锋利的毒刺。这种危险的武器看起来像带倒刺的箭头，拔出时还会撕裂伤口。当尾魟目鱼类被踩到或被激怒攻击时，会立即卷起尾巴并用尖刺刺向入侵者。

蓝斑条尾魟

蛇形海鳝

　　海鳝的外形酷似一条粗大的蛇，种类繁多。大多数海鳝的体长为1~1.5米。体形最大的海鳝是爪哇裸胸鳝，其体长可达3米，重30千克。海鳝过着隐秘的生活：藏在缝隙、水下岩石和珊瑚之间。这些敏捷的鱼类在夜间狩猎，在捕猎时它们会仔细搜寻珊瑚礁里的犄角旮旯。海鳝的嘴里长着锋利的牙齿，被它咬伤会非常疼痛且难以愈合。

海鳝躲在珊瑚丛中，
埋伏它的猎物

大胆的海洋 "盗贼"

几个世纪以来，人们对鲨鱼既恐惧又着迷。现如今已知的鲨鱼有400多种，其中只有约12种对人类来说是危险的。事实上，鲨鱼袭击人类的事件很少。相比之下，每年有近1亿条鲨鱼被人类捕杀。所以对鲨鱼来说，人类才是无情的嗜血杀手。鲨鱼主要捕食比自己小的鱼类、章鱼、乌贼、水鸟、海豹和海龟。

漂在水面上的三角鳍是鲨鱼的显著标志

鲨鱼的大小

最小的鲨鱼是体长20厘米左右的硬背侏儒鲨。恶名远扬的大白鲨和虎鲨可以长到5~6米长，重达2吨。鲸鲨是真正的巨人，体长可达13米，重达12吨。

大白鲨

小鱼会避开鲨鱼这位捕食者

角鲨

鲨鱼的牙齿

铁齿铜牙

鲨鱼从不牙疼，也不知道什么是牙垢。它们锋利的牙齿是硬化的鳞片，所以当鲨鱼撕咬猎物时，牙齿经常会断裂。它们的牙齿密密麻麻地排列着，从5排到15排不等。此外，鲨鱼的牙齿隔一段时间就会脱落一次，在牙齿脱落的地方会长出新牙来。鲨鱼一生要掉上千颗牙，但尽管如此牙齿仍然是鲨鱼最厉害的致命武器。

完美猎手

鲨鱼的嗅觉非常发达，可以在500米以外嗅到受伤动物的一滴血的味道。借助身体上的振动感应通道系统，它可以感应到100米以外的游鱼。鲨鱼的眼睛与猫的眼睛相似。眼睛内部像一面微型镜子，能够反射微弱的光线并将其投映向视网膜。这让鲨鱼能够在夜间和漆黑的深海中正好看到猎物。

有角的鲨鱼

在靠近海底的深水区，有一种长相奇特的鲨鱼躲藏在缝隙角落里——角鲨。这种鲨鱼有宽大的脑袋和大眼睛，头顶上方长着坚硬的骨突，就像是小犄角一样。与长角的恶魔一样，这种鲨鱼过着隐秘的夜行生活。狩猎时，它在海底缓慢游动，寻找蜗牛、螃蟹、虾或小鱼可能藏身的每一个缝隙角落。

双髻鲨

像锤子一样的头

双髻鲨，又称锤头鲨，是以其头部的形状而得名。它们的脑袋上有两个宛如发髻的东西，向左右两侧突出伸展呈"T"形，整个形状像一个锤子。由于这种身体构造，双髻鲨可以看到前面、两侧甚至后面的东西。此外，宽间距的眼睛还能让它们更好地判断自己与猎物的距离。

虎鲨

鲸鲨

Rhincodon typus

体　长：可达13米
体　重：可达12吨
寿　命：70年
分　布：南北回归线之间的温暖海域

巨型鲨鱼

鲸鲨是一种独特的鱼类。正如它的名字一样，鲸鲨既有鲨鱼的特征，又有鲸鱼的特征。它与鲨鱼的共同之处在于，它是鲨鱼，但其庞大的体形则是鲸鱼的典型标志。与普通鲨鱼不同，这种巨型鲨鱼主要以浮游动物为食，有时也吃小鱼。如果不激怒鲸鲨，它不会伤害人类。在许多地方，与鲸鲨一起潜水是绝佳体验，更是游客们终生难忘的回忆。

鲸鲨

黑斑背

大扁头

独特的皮肤

　　每条鲸鲨的背部都有独特的斑点和条纹。这种温顺的巨型鲨鱼的皮肤是它的主要保护层。鲸鲨的皮肤是所有鱼类中最厚的，成年鲸鲨的皮肤厚度有10~15厘米。

洁白的下腹

宽大的嘴

捕食中的鲸鲨

沙丁鱼和鲸鲨结伴而行

喜欢小鱼的美食家

尽管鲸鲨体形巨大，但却以小型生物为食。为此它张着大嘴以每小时3~5千米的速度在水中游动。所游之处海洋中的任何东西都会随着水流落入它的口中，包括微小的浮游动物、幼鱼和其他小型动物等。鲸鲨还会吸水，从而增加其捕获猎物的数量。

群居与独行

鲸鲨是典型的独行者，它们会游行数千千米。在美食特别丰富的地方，可以见到成群结队的鲸鲨。这些地方包括海湾的温暖水域、大河的河口和海岸附近。在墨西哥湾，有时会有100多条这样的巨型鲨鱼并排游动。

共同捕食

在海洋深处懒洋洋游弋的鲸鲨，是许多鱼类的最佳藏身之处。它巨大的身躯就像一座漂浮的山峰，其他鱼类游上去，就不用担心捕食者的攻击。经常与鲸鲨为伴的是最迅捷的鱼类之———金枪鱼。金枪鱼是真正的追逐者，当它们看到沙丁鱼聚集在一起时，就会立即行动。金枪鱼从四面八方靠近沙丁鱼，把沙丁鱼团团围住，使其紧凑地聚成一团。然后，金枪鱼会发起攻势，撞向惊恐不安的沙丁鱼群，尽情捕食。这也正是鲸鲨所期待的———它猛扑过去，像大号吸尘器一样吞噬沙丁鱼群。

小鱼待在鲸鲨身旁掩护自己

海鸟

海洋世界不仅包括在水中游的动物，还包括在水上飞的动物，这些动物就是海鸟。海鸟是一类栖息在海洋或近海岸边的鸟类。大多数海鸟的趾间都有一层蹼，可以帮助它们在水中行动。虽然它们在陆地上筑巢产卵，但是在海洋里捕食。海鸟主要吃鱼、蜗牛、贻贝和甲壳类动物。在繁殖季节，许多海鸟会在陆地和海洋的沿岸岛屿上形成数以千计的巨大繁殖地。

完美的滑翔机

在所有鸟类中，漂泊信天翁的翼展最大，可达3.5米。

因为有这双大翅膀，漂泊信天翁大多数时候都可以毫不费力地翱翔于海浪之上，宛如天空中的巨型滑翔机。

好斗的军舰鸟

丽色军舰鸟是军舰鸟中体形最大的一种。它的翅膀狭长，翼展约2.5米，是空中杂技高手。它用喙捕捉猎物，贴着海面低飞。丽色军舰鸟飞翔速度快且动作灵敏，性情凶猛好斗，因此它常常在飞行中抢夺其他鸟类捕的鱼。如果抢夺失败，丽色军舰鸟会不停地骚扰对方，最后受惊的鸟儿只好把猎物让给它。

漂泊信天翁

丽色军舰鸟

目光敏锐的鲣鸟

北方鲣鸟能在30米高的海面上发现水中游动的鱼。首先它以每小时近100千米的速度向下俯冲，扎进水里，接着在水中快速游动觅食，用它锋利的喙捕捉鱼类。

北方鲣鸟

鸟中强盗

大贼鸥的翼展可达1.5米，是贼鸥中最大的鸟类。贼鸥是非常无赖的捕食者，尽管自己会捕猎，却常常从其他同类的嘴里抢食，到鸟巢里抢夺鸟蛋或者毫无防御能力的雏鸟。

独特的标志

银鸥的头是白色的，翅膀是灰色的，黄色喙的末端有一个红点，这是雏鸟乞食的识别标志。雏鸟只有看到这个红点，才会有乞食反应。如果用人工的、单一颜色的黄喙喂雏鸟，它们是不可能对它感兴趣的。

绚丽的大嘴

北极海鹦的喙中能轻松并排装下10多条小鱼。之所以能做到这一点，是因为海鹦的喙内有松弛的橙色内壁褶皱和弯曲粗糙的舌头。它可以抓住一条鱼，用舌头把鱼藏进嘴里的褶皱再继续张着嘴捕食，而不用担心捕到的猎物溜走。

繁殖期和休息日的两副面孔

红嘴鸥在春季至夏季繁殖。在此期间，它们的头部长着深褐色甚至近乎黑色的羽毛。但在交配季节之外，它们的羽毛呈灰白色，只在头部两侧有少量的深色羽毛。因此，请记住，尽管在外表上看着不同，但我们在冬季波罗的海遇到的红嘴鸥与春夏季看见的红嘴鸥是同一种鸟。

红嘴鸥

银鸥

北极海鹦

贼鸥

聪明的海豚

海豚是海洋哺乳动物，能从大气中呼吸氧气。它们有流线型的身体、水平的尾鳍、凸起的额头（称为"额隆"）和长着牙齿的长喙。它们喜欢吃鱼类和乌贼。海豚非常聪明、友好，不喜欢孤独。它们成群结队地生活，大部分时间都在水中一起嬉戏和玩闹。这些友好的海豚让人情不自禁喜欢上它们。

84

海豚的智力

海豚是极其聪明的动物。它们能从镜子中看到自己，能意识到自己的存在。它们可以模仿周围听到的各种声音。有时它们能完美地模仿狗叫声、擦水族箱玻璃的声音，甚至是人类的声音，它们模仿的这些声音听起来都出奇地真实。在人类的正确教导下，它们能理解通过声音、图片或手语手势发出的指令。必要时它们会帮助溺水的人类。

据了解，曾有海豚用自己的身体支撑起虚弱的溺水者。科学研究表明，海豚的智力比黑猩猩和大猩猩更接近人类。

回声定位

海豚能聆听到一系列人类听不到的超声波，这些超声波就像回声一样，会从周围的一切物体上反射回来。每个声音都会先传到它们的耳朵，然后再传到大脑，最后在海豚的头脑中形成周围环境的图像。这样，即使在完全黑暗的环境中，它们也能知道周围的情况。利用回声定位，海豚可以在200米以外发现水中如网球一般大小的美味猎物。

海豚的对话

　　海豚能用自己的语言进行交流。它们的语言由各种声音组成，包括噼啪声、口哨声、咆哮声和咔嗒声。有了这些声音，海豚之间就能迅速传递信息，这在互相警告危险、共同捕猎和诱捕猎物时特别有用。海豚发出的声音与人类使用的单词和句子非常相似。这一切都表明，海豚有自己的语言，但其特殊的语法仍有待科学家们去进一步破译。

军队中的海豚

　　即使是战争技巧，海豚也能很快学会，所以它们有时在军队中"服役"。美国海军中有几十条海豚，它们接受训练主要是为了寻找水雷和抵御潜水员蓄意破坏港口。在1991年海湾战争期间，海豚在波斯湾水下为美国海军侦察伊拉克施放的水雷位置中大显身手。

海豚在扫雷

虎鲸

Orcinus orca

身　　长: 5~10米
体　　重: 6~10吨
寿　　命: 50~100年
分　　布: 所有海洋

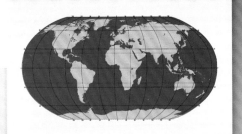

黑白相间的
"海洋之狼"

虎鲸是海豚科里最大的动物，它们的身体巨大，黑白相间的皮肤特征鲜明。在各处的海域都可以见到虎鲸。它们是海洋里最危险的捕食者，由于虎鲸聪明、体形庞大、下颌健壮并且成群结队，所有生活在海洋里的动物都对它们感到惧怕。虎鲸不挑食，什么都能吃，从小鱼、海龟、章鱼、中型海豹到鲸鱼都是它们的食物。在群体捕猎过程中，每只虎鲸都各司其职，这使得它们的捕猎方式与狼群类似。

高高的背鳍

黑白相间的外表

健壮的下颌

虎鲸

支系方言

虎鲸通过发出一系列的口哨声、咕噜声、拍击声、咔嗒声和爆裂声进行交流。居住在特定地区的每个支系都有自己的语言。

其他海域的虎鲸发出的声音和自己支系的听起来并不相同。有时这些声音相差过大，导致虎鲸遇到远方的同类时无法沟通。

群体中的等级制度

虎鲸所生活的群体从几只到几十只不等。较大的虎鲸群由所谓的"支系"（即彼此间有血缘关系的家庭）组成。每个支系都是由雌性虎鲸统治，它通过甩动尾巴、龇牙和撕咬的方式来彰显其统治地位。雌性首领的子女享有特别优待。每一只虎鲸妈妈不仅保护自己的孩子并为它们提供食物，还会教导它们适应虎鲸社会中的生活。它们会告诉孩子，在用声音和动作恐吓对方不起作用的时候，应该怎么用牙齿撕咬来征服对方。成年雄性虎鲸往往停留在虎鲸群的外围。

激情澎湃的"狩猎"

虎鲸是非常聪明的"猎人"，在"狩猎"时它们相互理解，通力配合。虎鲸通过回声定位寻找猎物。通常它们只专门捕捉某一种猎物，专门捕食鱼类的虎鲸支系会绕着落单的鱼群兜圈子并逐渐缩小包围圈。结果就是，这些受惊的鱼纷纷挤成一团，而这正是虎鲸所等待的。它们迅速游上来，在水里翻滚，用有力的尾巴拍打缩成一团的鱼。虎鲸不需要主动追击，这些被击晕或受伤的鱼就轻松成为了它们的口中之物。

还有些虎鲸支系专门捕食较大的猎物，如鲨鱼、海豹或企鹅。有的虎鲸非常大胆，甚至敢猎杀有母鲸保护的小鲸鱼。

虎鲸袭击海豹

87

虎鲸对人类来说危险吗？

人们一直认为，这种大型捕食者会无差别攻击它所遇到的一切。这一观点也体现在虎鲸的英文名"杀人鲸"上，但是实际上，虎鲸不会无缘无故地攻击人类。虎鲸很聪明，当人在水里时，它们会对人类很好奇，但不会把人类作为攻击对象。如果我们不恶意骚扰虎鲸，它们就不会伤害我们。

虎鲸的牙齿很大，甚至有8厘米长，这再度证明了它的捕食者身份

抹香鲸

Physeter macrocephalus

身　长: 可达18米
体　重: 超过50吨
寿　命: 70年左右
分　布: 所有海洋

深海猎人

　　抹香鲸是一种大型掠食性海洋哺乳动物，属于鲸目动物。抹香鲸身体的大部分被圆木般的巨大头颅所占据，下颌小得不成比例，嘴里还长满了锋利的牙齿。与温顺的蓝鲸不同，抹香鲸的性格相当暴躁。当受到人类攻击时，它会毫不犹豫地冲向船只，用坚硬如马蹄般的前额向船体发动撞击。瞄准得当的一击可以击碎木船的船舷，使其沉入海洋。雄性抹香鲸有时非常大胆，可以赶走一群虎鲸。

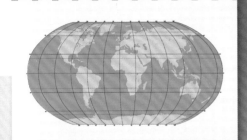

抹香鲸浮出水面换气

背部低矮的隆起

棱角分明的大头

强有力的平直尾鳍

深灰色外表

抹香鲸

大头大脑

地球上所有动物中抹香鲸的大脑最大，重量约为8千克，是人类大脑的5倍多。尽管如此，抹香鲸的智力却不如人类和海豚。

深海猎人

抹香鲸的基本食物是章鱼和鱿鱼。抹香鲸通常在约400米深的水下停留约30分钟来捕猎。不过，抹香鲸有时也会冒险到3 000米深的水下捕食猎物，并在水下停留长达两个小时。在海洋深处，抹香鲸与大型头足类动物展开殊死搏斗，因为这些动物并不容易被捉到。巨型鱿鱼强有力的触手经常会在抹香鲸的皮肤上留下痕迹。不止一只抹香鲸的皮肤上会有新鲜的伤口和圆形的疤痕，这些伤疤是鱿鱼直径为十几厘米的吸盘留下的。

鲸脑油

大型抹香鲸头部的上半部分由一些腔室构成，这些腔室中含有一种油状蜡质物质，被称为鲸蜡或鲸脑油，有时多达2 000升。这种液体是回声定位系统的透镜，还具有重要的压舱功能。当抹香鲸潜入寒冷的深海时，海水会冷却鲸蜡，使其开始变稠。这增加了鲸鱼头部的重量，使其头部像石头一样沉重。因此，抹香鲸就能下潜得更快。当抹香鲸从寒冷的深海游到温暖的海面时，颅内的脑油就会融化。液态的鲸蜡就像一个软木塞，将抹香鲸向水面上方牵引。

漂浮的"黄金"

头足类动物柔软的身体对于抹香鲸来说很容易消化。然而，它们锋利且坚硬的喙会严重刺激抹香鲸的消化道，从而让体内产生出一种蜡质分泌物，将所有的硬块包裹起来，这样抹香鲸就能更容易把它们排出体外。抹香鲸的这些分泌物叫龙涎香，看起来像棕色、白色或灰色的块状物。在被海浪冲上岸之前，它们会在海面上漂浮数年。龙涎香非常稀有且极其珍贵，在最昂贵的香水中被用作定香剂。

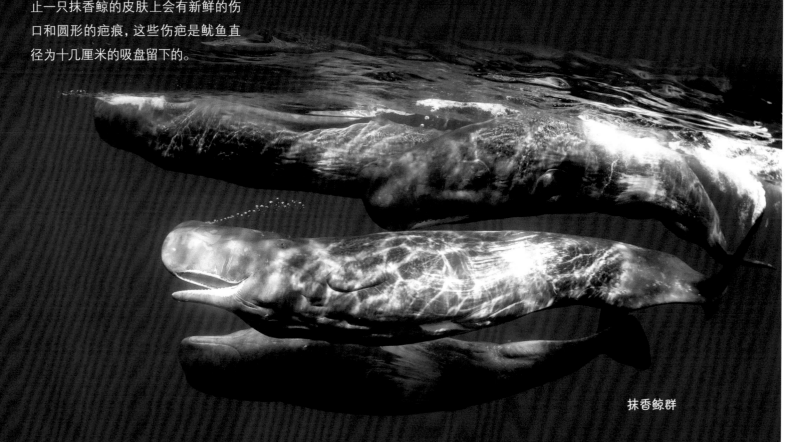

抹香鲸群

独角鲸
Monodon monoceros

身　长: 4～5米
体　重: 900～1600 千克
寿　命: 40～50 年
分　布: 北冰洋

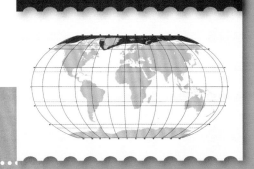

神话中的独角兽

很多人都知道独角兽的样子——一匹白马，额头中间长着一根长长的、螺旋状弯曲的犄角。从古至今的许多童话、传说和神话中常有它的身影。在许多色彩斑斓的插画上也可以见到它。但实际上，独角兽只是人们幻想出来的。世界上没有人亲眼见过这种动物，但独角兽的神话起源于海洋。

螺旋状弯曲的长牙

椭圆形的前额

大理石花纹外衣

独角鲸

神话从何而来？

大约从10世纪开始，斯堪的纳维亚的各个部落（俗称维京人）开始向欧洲扩张。这些维京人带来了独角鲸的长牙。由于这种动物生活在遥远的北方，南欧和西欧的居民并不认识这种外形奇特的角。他们以为这样的角属于某种美丽、近乎神奇的动物，而这种动物来自遥远又寒冷的北方。人们觉得这种动物应该有四条腿，头上有角，就像犀牛一样。犀牛体形巨大，头上的角又短又粗，而维京人带来的角又细又长，而且是白色的，所以人们认为它一定属于某种身形细长的动物。于是，几百年前有人画下了一匹额头上长着独角的白马，这就是神话传说中的独角兽形象的由来。

昂贵的长牙

独角鲸的长牙一直被人们当作是独角兽的角，是非常珍贵的。此外，金银镶嵌也进一步提高了它的价值。每个统治者都希望在他们的藏宝阁中拥有这种奇异的角，因为这象征了威望和财富。据说，波兰国王扬三世·索别斯基购买过这样一根长角，它现在就陈列在扬三世·索别斯基国王宫殿的博物馆中。直到1638年，丹麦动物学家奥勒·沃姆才发现所谓的"独角兽角"其实是独角鲸的长牙。

独角鲸群

北冰洋中的独角鲸

蓝鲸

Balaenoptera musculus

身　长: 22~33米
体　重: 100~200吨
寿　命: 80~100年
分　布: 所有海洋

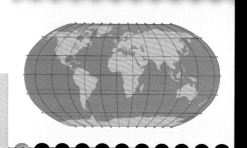

92

有史以来的巨无霸

　　蓝鲸是一种海洋哺乳动物，被归类为鲸目动物，蓝鲸是地球上最大的动物，也是迄今为止最大的哺乳动物。蓝鲸和其他哺乳动物一样，呼吸大气中的氧气。它是孤独的漫游者，会长途跋涉并消耗大量食物。总之，它的一切都巨大得令人难以置信。在海洋中，除了成群的捕食者虎鲸，它谁也不怕。尽管体形巨大，但蓝鲸是一种胆小的生物。当受到威胁时，它不会攻击，而是通过逃跑来寻求救援。

蓝鲸的背鳍非常小

长长的身体

蓝灰色的外表

潜水巨物

　　蓝鲸以浮游生物为食，而大部分浮游生物生活在水面附近。蓝鲸可潜入水下80~100米深处，并可在水下停留约1小时。不过，它通常每隔15~20分钟就会浮出水面呼吸一次。然后，蓝鲸会从鼻孔中喷射出高达12米的喷泉，把肺部的多余空气减压排出体外。在第一次大喷射之后，蓝鲸会再进行几次较小的喷射，然后大口大口地呼吸。一旦体内氧气充足，它就可以再次潜入水下。

蓝鲸浮出水面呼吸

地球上的巨无霸

蓝鲸被认为是已知的地球上生存过的体积最大的动物。它可以长达33米，重达180吨。科学界已知的恐龙中都没有这样的庞然大物。一头成年蓝鲸的心脏可能重500至600千克，相当于一辆小汽车的大小。蓝鲸的血液通过直径约1米的动脉从心脏输送到全身。这样的宽度足够一个成年人游过。蓝鲸发出的声音比喷气式飞机起飞时的引擎声还大，再加上声音在水中的良好传播效果，方圆800千米内的其他同类都能听到它的叫声。

93

喜欢"小吃"的美食家

奇怪的是，蓝鲸这种大型鲸鱼却喜欢以海洋中一些微小的浮游动物为食，通常是磷虾，它的平均体长只有3厘米。蓝鲸的胃口和它的体形相当，每天可以吃掉4~8吨磷虾。为此，蓝鲸张开的巨口抓住一群磷虾，然后，它闭上嘴巴，用巨大的舌头把吸入的水推出去。水流通过鲸须（鲸须是一块从上颚长出的角质板，有着锯齿状边缘，它的作用就像一个筛子），磷虾沉积在鲸须上，由舌头被送入蓝鲸的胃里。

幼鲸的胃口

蓝鲸是海洋哺乳动物，因此它的幼鲸以母亲的乳汁为食。刚出生的蓝鲸差不多有8米长，重达2吨。这个"婴儿"几乎是刚刚呼吸，就已经在母亲的胃里寻找食物了。幼鲸的食量非常大，每天要吸200~300升母乳。幼鲸迅速成长，每天可增重100千克。5~7个月后，幼鲸长出了鲸须，从那时起，它就不再吃奶，而是以磷虾为食。

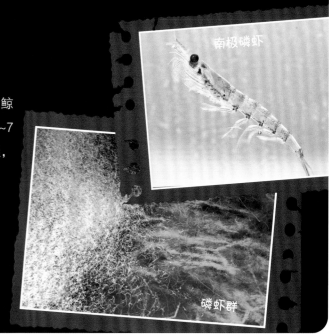

南极磷虾

磷虾群

座头鲸

Megaptera novaeangliae

身	长:	14~18米
体	重:	25~40吨
寿	命:	45~50年
分	布:	所有海洋

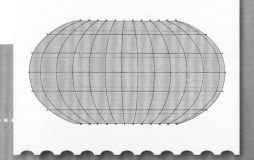

水下歌唱家

座头鲸是海洋哺乳动物，属于鲸目动物。座头鲸的觅食方式和蓝鲸一样，也是用鲸须组成的复杂过滤系统从水中捕食微小的浮游动物和鱼类。座头鲸的食量非常大，每天要吃掉超过1吨的食物。它们常常独来独往，但有时也会组成几只或十几只的鲸群。一起活动的目的通常是集体觅食。这样的鲸群联系相当松散，因此在一起度过几个小时或几天后，它们就开始各自朝自己的方向散去。

黑色或深灰色
的上体表

白色的下腹

长满结节的嘴部

长长的胸鳍

座头鲸

水下的歌声

座头鲸以其不同寻常的响亮歌声而闻名，在数百千米外的海洋世界都能听到它们的歌喉。座头鲸的歌声很可能是它们之间的对话，但我们却听不太懂。长短交替的呻吟声、嗡嗡声、吱吱声和其他各种声音可以持续几分钟到几个小时不等。雄性座头鲸在繁殖季节向雌性座头鲸求爱时，会频繁发出特别长的歌声。

长长的鳍

座头鲸也被称为巨臂鲸，因为它最引人注目的特征是巨大的桨状胸鳍，这是所有鲸类中最长的。成年座头鲸的胸鳍为4~5米长。因为有了桨状的胸鳍，它可以在水下轻松地突然转向和旋转，甚至可以骤停并向后游去。

爱吹泡泡的"猎手"

座头鲸在捕食小动物时成功地使用了一种绝佳的方法。当它发现鱼群时，会从下方靠近猎物并在周围游动，从而释放气泡。对鱼群来说，升腾而起的气泡就像一张危险的网或一堵墙。

鱼群试图避开这些气泡，受到惊吓的它们围成密集的一团。座头鲸正等着这一幕，这个时候它就会张开大嘴，迫不及待地扑向鱼群的中央。

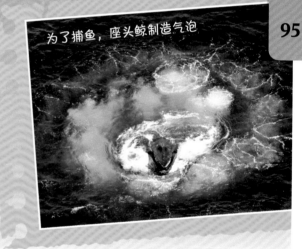

为了捕鱼，座头鲸制造气泡

像指纹的尾鳍

座头鲸的尾鳍下方有黑白相间的斑点和线条，排列成不同的图案。每只座头鲸都有自己独一无二的图案，就像我们的指纹一样终生不变。这使得科学家们可以通过观察尾鳍的底部图案来区分不同的座头鲸个体，并追踪它们的迁徙路线。

尾鳍底部

海牛
Trichechus sp.

身体 **长**: 3~4 米
重: 200~600 千克
寿命 **命**: 50~70 年
分布 **布**: 从佛罗里达到巴西北部以及非洲西海岸的温暖水域

儒艮
Dugong dugong

身体 **长**: 2.4~4 米
重: 300~500 千克
寿命 **命**: 50~70 年
分布 **布**: 非洲东部、亚洲南部和澳大利亚北部沿岸的温暖水域

深海 "美人鱼"

海牛和儒艮是生活在海洋中的哺乳动物,它们的数量很少,极为罕见。在物种系统学中,海牛和儒艮被归入海牛目。儒艮一般被称为深海"美人鱼"。这些友善的动物以生长在海洋沿岸水域的植物为食。虽然它们可以在水下停留长达20分钟,但一般每隔3~5分钟就会浮出水面呼吸换气。海牛是一种温顺的动物,它们每天都在浅水里慢慢游动,品尝着可口的水草。

海牛吃水下的植物

怎么区分海牛和儒艮?

海牛与儒艮居住在不同的海洋区域。虽然乍一看,这两种动物很相似,但仔细观察,还是可以发现明显区别。海牛的尾鳍末端呈圆形,而儒艮的尾鳍则像鲸类一样是分叉的。此外,与海牛相比,儒艮的嘴唇更加松弛且下垂,像一根短象鼻。

平直的尾鳍

小眼睛

宽大且下垂的嘴

庞大的身躯

海牛

灭绝的大海牛

18世纪中叶，科学界首次记录下了大海牛。不幸的是，我们只能从文字描述和图画中了解这种动物，因为它们被发现不到30年后就彻底灭绝了。灭绝的原因是因为人类的大量捕杀。已经灭绝的大海牛是所有海牛目中已知体形最大的物种。它的外形酷似巨型儒艮，体长9米，体重10吨。真正的大海牛已经有200多年没有在海洋中出现了。尽管如此，今天的海牛和儒艮有时会被俗称为大海牛，但这并不准确。

危险的摩托艇

海牛和儒艮以海岸边的浅水水草为食，并不时游出水面呼吸新鲜空气，所以经常会被快速行驶的摩托艇撞到。船体或旋转的螺旋桨对海牛和儒艮头部的撞击往往是致命的。即使侥幸活下来，它们的身上也会留下很深的伤口和疤痕。

移动的牙齿

海牛的牙齿在撕咬水草时会反复研磨食物。为了进食，海牛一生都在不断长牙，并且它的牙齿像传送带一样慢慢向前移动。在下颌前部的牙齿磨损严重，每过一段时间就会脱落，而新的牙齿就从后方长出来。不断的生长与前移保证了海牛的牙齿永远锋利。

分叉的尾鳍

下垂的嘴唇

儒艮

儒艮吃海草

海獭

Enhydra lutris

身　　长: 60～180 厘米
体　　重: 20～45 千克
寿　　命: 10 年
分　　布: 北太平洋地区

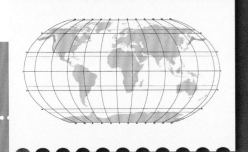

滑稽的"毛茸茸"

海獭的胃口很大

我们所熟知的水獭生活在湖泊和河流里，而它们在海洋里有自己的远房亲戚——海洋水獭，不过研究系统分类的科学家将这一物种命名为海獭。这些外形可爱的动物有着深棕色的皮毛，嘴部周围的颜色较浅。它们的后肢宽扁，趾间有一层蹼，所以是游泳健将。除了人类、鲨鱼和虎鲸，海獭没有天敌。

小耳朵

浓密的毛发

短短的前肢

海獭

就算是刚出生的海獭宝宝也可以在水里做出海獭的标志性动作

浓密的毛发

海獭并没有厚厚的皮下脂肪来抵御寒冷的海水。相反，它们的皮毛是地球上所有动物中最浓密的。海獭每平方厘米的皮肤表面有10万到40万根毛发，而人类的整个头部大约有10万根毛发。就像我们的羽绒服一样，海獭皮毛的透气性很好。这一切为它们提供了防水、保暖的绝佳条件，从而保证海獭可以在冰冷的海水里长时间游泳。

99

"海獭牌"木筏

海獭性格非常外向，喜欢嬉戏，所以它们生活在大大小小的群体中。为了保护自己不被陆地上的捕食者伤害，它们整晚都仰面睡在海岸附近安静的海湾。此外，海獭睡觉时还经常互相抓着对方的爪子，形成一只像漂浮在水面上的木筏。这样，它们就不用担心被水流冲刷到很远的地方，一觉醒来置身于危险的大海了。

不知满足的吃货

海獭是非常聪明的捕食者，对它们来说捕捉小鱼、章鱼或乌贼这类敏捷的猎物是件容易的事。此外，海獭还能巧用石头击碎螃蟹、海胆、海蜗牛和贻贝坚硬的外壳。海獭的食量很大。为此，海獭每天大部分时间都花在觅食上。它们每天可以吃下自己体重四分之一重量的食物。也就是说，一只20千克重的海獭每天要吃掉多达5千克的各类美食。

海獭会用工具吗？

海獭会使用石头等工具，它们用石头砸开软体动物的外壳，从而获取其中可食用的部分。它们敲击猎物的方式看起来很滑稽。海獭在仰泳时，两只爪子紧紧抓住贻贝，把贻贝撞向放在自己腹部的硬石头。它们的动作非常灵巧，尽管撞击很用力，石头却不会落入水中。

在群体中海獭感到安全

海象
Odobenus rosmarus

身 长: 2～5米
体 重: 可达1.5吨
寿 命: 30～40年
分 布: 北冰洋

象海豹
Mirounga sp.

身 长: 4～6米
体 重: 4～5吨
寿 命: 20年
分 布: 北美西海岸和南极洲附近海域

100

有鳍的巨兽

海象的长獠牙

在海洋里生活着这样一类哺乳动物，它们在水中和陆地上生活得游刃有余。它们的身体呈流线型，四肢像鳍的形状。因此，它们被称为鳍足类哺乳动物。其中，体形最大的是象海豹，体形稍小的是海象。强大的鳍足类动物无须惧怕任何陆地上的捕食者。它们结实的皮肤下有一层厚厚的脂肪，就像一件盔甲；它们肌肉发达的脖子就像一把锤子，可以有力地敲打敌人。此外，海象还有坚硬的獠牙，它们不用害怕北极熊等危险的捕食者，只有成群的捕食者虎鲸才能伤害到独行的鳍足类动物。

突出的獠牙

庞大的身躯

像鳍一样的脚

北冰洋海象

海象的獠牙有什么用？

獠牙是海象从上颚长出的牙齿。雄性海象的獠牙普遍长度为0.5~1米。这些令人印象深刻的钩状利刃是海象争夺统治权时的重要武器。獠牙最大的雄性通常是群落的首领，在求偶时更受雌性欢迎。此外，海象的獠牙还能当钩子用——插入浮冰，海象就能攀登浮冰。海象还能用獠牙从海底挖出自己喜欢的食物，如贻贝、蜗牛和螃蟹。

昂贵的獠牙

在19世纪末20世纪初，海象险遭灭绝。当时，人类为了得到海象的肉、皮毛、脂肪，尤其是白色的獠牙，大规模地屠杀海象。獠牙被用来制作珍贵的物品，如刀柄、剑柄、雕像和项链。海象的獠牙被雕刻成装饰品，镶上金银，卖出高价。如今，海象是国际保护动物，禁止人类猎杀，因此北极地区的海象数量正在逐渐增加。

深海潜水纪录保持者

海象可以下潜到距海面100米深的位置，在水下最多能停留30分钟。象海豹的停留时间要长得多，它们喜欢吃深海鱿鱼。为了捕捉深海鱿鱼，象海豹可以潜到1 500米深的水下，并在水下停留约两个小时。除了大型捕食者抹香鲸之外，没有其他呼吸空气的动物能做到这一点。

海象在獠牙的帮助下浮出水面

雄性象海豹大声咆哮

雄性象海豹肉乎乎的鼻子

象海豹

"喇叭"有什么用？

雄性象海豹肉乎乎的鼻子会让人联想到喇叭。这些向外突出的皮肤褶皱可以放大和控制声音。有了它，雄性象海豹才能发出咕噜咕噜的响亮吼声。声音最响亮、号角最突出的雄性象海豹最能吸引雌性伴侣。

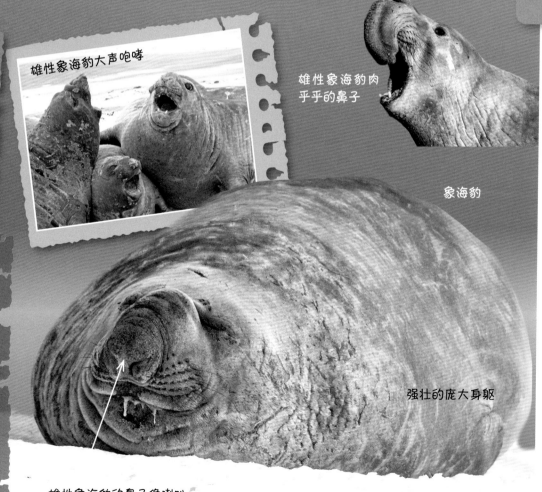

强壮的庞大身躯

雄性象海豹的鼻子像喇叭

海豹还是海狮？

海豹和海狮是拥有流线型修长身体的鳍足类动物，它们身上覆盖着厚厚的皮毛。多亏了这层厚皮毛，海豹和海狮在冰冷的海水中游泳或在寒风呼啸的冰面上休息时，也能保持温暖。海豹和海狮在外观上很相似。那么如何区分它们呢？有三个明显的区别。我们需要关注它们的耳朵、鳍以及它们在陆地上和水中的移动方式。

海狮

谁在马戏团表演？

海豹和海狮都是很聪明的动物，可以学习很多技巧。不过，海豹由于其体形的原因，无法表演海狮那样吸引人眼球的技巧。只有海狮可以用后鳍立正，用前鳍拍手。训练有素的海狮甚至可以靠着前鳍将身体的其他部分撑起来。因此，在各种娱乐表演和马戏团中最常出现的是海狮，而不是海豹。

耳朵

海豹没有明显突出的耳郭。它只在头部两侧有两个几乎看不见的耳洞。海狮的耳朵虽小，但却明显向外突出。

没有耳郭

明显的耳郭

海豹的头

海狮的头

游泳方式

如果你在观看自然电影或者是有机会亲眼看到海狮游泳，你不妨看看它们是怎么游泳的。潜水时，海狮像划桨一样划动宽大的鳍，或者像鸟儿飞翔那样拍打鳍，强壮的前鳍是主要的推进力。相比之下，海豹游泳时更依赖后肢，主要靠后肢产生推动力，姿势像一只用脚蹼潜泳的潜水员。

鳍

海豹的前鳍很小，像指间长了蹼的人类手掌。海豹的后鳍朝后生长，所以无法放在腹部下方。这种鳍的构造使得海豹在陆地上笨拙地爬行和弯曲身体。相比之下，海狮的前后鳍要大得多，而且分得更开。此外，海狮的肌肉也相当结实。它们能用前后鳍站立，在陆地上可以快速行走或奔跑。

大大的鳍

海狮

海狮在水下像滑翔一样拍打鳍

海豹

小小的鳍

冰雪之国

两极周围是地球上最寒冷的地区。地球最北端是北极，最南端是南极。南极洲是指南极圈以外的地区。它由南极洲大陆和周围的海域组成。南极大陆是指南极洲除周围岛屿以外的陆地。与冷到可怕且白雪皑皑的南极大陆相比，南极洲的水域则更为温暖。由于冰被隔热性良好，即使在冬季，海水的温度也不会低于-2°C。因此，两极周围的水域条件相似，且比陆地上更适合生存。

北极点附近的区域覆盖着漂浮的冰层

南极大陆表面覆盖着2~4千米厚的冰层

陆地上的冰雪地狱

从表面上看，北极和南极似乎非常相似：冰、雪和寒冷。然而，这两个相对的地区却截然不同，一个是海洋，一个是陆地。北极点附近的北极地区是由漂浮在海洋上的浮冰组成的海洋，南极则是一块地面上有厚冰层且被海洋环绕的陆地。此外，就主要气候而言，北极要比南极温暖得多，南极是名副其实的冰雪高原。北极地区的夏季平均气温为0°C，冬季为-40°C。南极洲夏季平均气温为-30°C，冬季平均气温为-60°C。地球上最冷的气温在南极，达到-90°C。

南极的冰盖

北极封冻的冰面让北极熊可以长途迁徙

幸好有冰间湖，鲸鱼在冬天也有充足食物

冰间湖——极地的生命绿洲

许多人认为，温暖的海洋热带地区生机勃勃，而寒冷的极地地区则几乎死气沉沉。事实上，在寒冷水域中的某些地方也有着大量生物。在那里，即使是在冬天，海洋表面也不会结冰——这些地方被称为冰间湖。

冰间湖像是直径几十甚至几百千米的大冰洞。它们形成于海岸附近，位于风把冰吹走的地方，或者是暖流流经的地方。生活在这些冰洞中的动物比极地海洋中其他任何地方都要多。

水中漂浮着大量浮游植物。这些浮游植物很容易被浮游动物吃掉。许多鱼类和鲸鱼则以浮游动物为食。丰富的鱼类为成千上万的海豹和企鹅提供了食物。落到海底的食物残渣成了海蜗牛、贻贝和其他数百种生物的佳肴。

冰山

冰山是漂浮在海洋中的巨大冰块，大多在春季和夏季形成，此时上覆的冰层（冰盖）会在海岸附近融化。因此，大冰块会断裂并向不同方向漂流，有时可以在海洋上横跨数千千米。直射的阳光和温暖的海水会使迁徙的冰山不断融化，并分裂成更小的冰山。这些漂浮的大块冰山对船只来说非常危险。每座冰山只有顶部露出水面，约占其总量的1/9，其余部分都在水下。尽管如此，这些庞然大物仍能突出水面20米之高，其重量有时为数百万吨。

冬天，南极的冰间湖到处是企鹅

冰山

北极熊
Ursus maritimus

身　　长: 2~3 米
体　　重: 150~650 千克
寿　　命: 15~30 年
分　　布: 北极

106

冰封国度之王

北极熊（又名白熊）是真正的北极之王。它的大部分时间都在冰封的浮冰上度过。北极熊行动缓慢，每天最多能行进几十千米来寻找食物。不过，受到惊吓的北极熊可以在短距离内以每小时40千米的速度奔跑。

完美的伪装

雪白的皮毛是一种很好的伪装，便于北极熊在冰天雪地的北极狩猎。此外，它们的毛发是无色透明的中空小管子，能贮存空气，减少皮肤与外界的空气流通。这样的皮毛既能很好地抵御寒冷，又能防水。如果我们给北极熊拍一张红外线照片，看看它的身体能散发出多少热能，就会发现基本为零。除了嘴、眼睛和耳尖，北极熊的身体不会散发出任何热量。有了这样神奇的皮毛，即使冬天气温达到－50°C，它们也不会被冻僵。

小耳朵

厚厚的皮毛

短尾巴

北极熊

厚厚的皮毛使北极熊
能够在冰冷的水中游
泳和潜水

北极熊耐心等待美味的海豹游
到海面

耐心且聪明的"猎人"

北极熊是独居动物，它在寻找食物时是独自行动的。北极熊会耐心地等待海豹从冰窟窿中浮到水面换气。北极熊经常匍匐在雪堆和冰山之间，不时用后腿站立，以便看得更远，更容易追踪在浮冰上休息的动物。北极熊的嗅觉非常灵敏，能够在30千米外感知到海豹。它们还是不知疲倦的游泳健将，为了寻找猎物，北极熊有时一天要在浮冰间游100千米。

用后腿站立的北极熊高达4米

强大的捕食者

北极熊是所有熊类中最强壮的一种。最大的北极熊用后腿站起来时，身高将近4米，体重可达1吨。这些毛茸茸的白色大家伙是肉食动物，主要以海豹为食，但也吃鱼、鸟、鸟蛋、软体动物和动物的尸体、腐肉。北极熊非常强壮，一爪子下去就能杀死一只海豹。它们的食量很大，一次可以吃掉60千克的食物。

危险的白熊

北极熊友好的外表让我们联想到可爱的泰迪熊，但这只是表象。北极熊是对人类最危险的动物之一。它们生活在遥远的北极，远离人类栖息地，对人类没有天然的恐惧。因此，尤其是当北极熊饿了的时候，它们会前往研究站、过往的汽车以及阿拉斯加的人类居住区。

如果它们非常饥饿或感觉受到威胁，就会毫不犹豫地攻击人类。就目前而言，我们并不在北极熊的基本菜单内，但是在野外，最好不要离这种动物太近。

可爱的白极熊
幼崽

"海底天空"的鸟类

企鹅是黑白相间的鸟类，比起其他的鸟，它们放弃了在天空中飞翔，选择了生活在大海。企鹅有着像鳍一样的翅膀，可以在水中快速地划动，它们在蔚蓝的海水中拍打翅膀的动作非常像鸟儿在蓝天下飞翔。企鹅主要以鱼、乌贼、螃蟹和磷虾为食。目前企鹅只栖息在地球的南半球，在北极熊所在的遥远的北极是没有企鹅的。

企鹅在水里游泳

企鹅的纪录

最小的企鹅是只有30厘米长的小蓝企鹅，最大的企鹅是近120厘米长的帝企鹅。

体形最大的企鹅
——帝企鹅

最袖珍的小蓝企鹅

企鹅的脚会冻僵吗？

企鹅浓密的羽毛紧贴着身体，就像最好的羽绒服一样保暖御寒。然而企鹅的鳍足却是裸露的。尽管如此，它们的脚也不会被冻僵，因为企鹅的身体里有高效的散热器在运行。这个散热器就是紧密排列的血管网，它让动脉里由身体流向脚的温热血液可以迅速加热静脉里向着反方向流动的冷血。血液的高效流动保证了企鹅的脚不会冻僵。

企鹅的脚总是温暖的

地球上的"好爸爸"

最大的企鹅——帝企鹅并不像大多数企鹅那样在春季繁殖，而是在冬季繁殖。此期间正是极夜，无论白天还是夜晚都是漆黑一片。此外，气温会降到-40℃以下。在南极洲深处，即距离海岸100~150千米的地方，气温更低，而勇敢的帝企鹅成群结队地来到这里。

在冰天雪地中，帝企鹅进行交配，每只雌企鹅会产下一枚蛋，然后把蛋交给雄企鹅，雄企鹅把蛋放在脚上，用腹部的皮褶盖住它。雌企鹅则在其他雌企鹅的陪同下返回海岸觅食。剩下雄企鹅则带着蛋抱团取暖。在接下来的2个月内，寒冷刺骨、漆黑一片，经常还刮着时速200千米的狂风，而雄企鹅就在半睡半醒中坚持孵化后代。在此期间，雄企鹅什么也不吃，它们的体重几乎减少了一半。只有当雌企鹅回来时，憔悴的雄企鹅才会把蛋交给伴侣，然后再返回海洋，尽情进食。

一群企鹅正在孵化后代

雄企鹅用腹部的皮褶包裹住蛋，进行孵化

跳水冠军

在追逐猎物时，企鹅可以快速潜水，通常呈"之"字形。企鹅在水下的速度为每小时25~40千米。在这种速度下，企鹅可以像弹弓一样弹射出水面，落在浮冰上。这种快速离水的方式可以有效抵御水中捕食者的攻击，比如海豹和虎鲸。

海洋中的活化石

在地球的历史中，海洋动物世界经历了多次剧变和严重灾难。数以千计的物种在不同时期灭绝，新的物种取而代之。然而，并不是所有的生物都完全灭绝了。有个别生物的代表至今仍然活着，而且它们的外表变化不大，我们习惯称它们为活化石。尽管它们的近亲被发现时已经死亡，变成了僵硬的化石，但这些活化石今天仍然在海洋中游动。

矛尾鱼

长期以来，人们一直认为矛尾鱼在大约6 500万年前与恐龙一起灭绝了。然而，1938年科学界有了惊人的发现——原来，这些史前鱼类仍在海洋中游动。迄今为止，已经发现了两种矛尾鱼。第一种是西印度洋矛尾鱼，身体呈蓝色，生活在非洲东南沿海地区。第二种是印尼矛尾鱼，身体呈棕褐色，来自印度尼西亚群岛间的海域。成年矛尾鱼体形巨大，可以长到2米长，重达100千克。它们最常生活在海洋中层100~700米深的地方，以小鱼、章鱼和乌贼为食。

西印度洋矛尾鱼

印尼矛尾鱼

美洲鲎

穿盔甲的美洲鲎

美洲鲎看上去像外星动物，它们的身体外部有一层凸出的保护壳。美洲鲎的外壳下长着一条细窄的尾巴。虽然它的尾巴看起来很危险，但并不是用来刺人的，而是在它不小心底朝天时用来翻身的。虽然美洲鲎一生中的大部分时间都在海洋里，但在交配季节时它们会来到陆地上。有时，数以百计的美洲鲎爬上沙滩，埋下自己产的卵。美洲鲎主要栖息在北美洲和亚洲东南沿海的温暖水域，以及印度尼西亚的岛屿沿岸。它们的身体可以长到60厘米，体重达5千克。美洲鲎见到什么就吃什么，主要有贻贝、蜗牛、甲壳类动物和植物。

最大的节肢动物

日本蜘蛛蟹（又名甘氏巨螯蟹）是已知世界上现存体形最大的节肢动物。它的体重为15~20千克，平均长度3米，双螯张开跨度可达4米。它们栖息在日本周围50~600米深的太平洋海底，其移动速度不快。它是食腐动物，以动物尸体和植物为食。

喷气动力鹦鹉螺

鹦鹉螺是头足纲动物，外壳呈白色，有横向盘旋的条纹。它的直径约25厘米，体重约0.5千克。它借助从螺壳喷射出水的反冲力移动，这种方式类似于喷气推进。鹦鹉螺用伸出壳外的触手捕食小鱼和甲壳类动物。鹦鹉螺主要在夜间活动，白天在海底休息。鹦鹉螺栖息在温暖的印度洋水域和澳大利亚及印度尼西亚群岛附近的太平洋水域。

日本蜘蛛蟹

鹦鹉螺

我们不要往海洋里乱扔垃圾!

人类大规模地向海洋扔垃圾开始于20世纪50年代。在那时，不断发展的城市、工业和农业开始产生大量化学废水和各种废物，这些废水和废物又进入海洋。当时，人们大规模生产塑料瓶、塑料杯、塑料玩具、塑料袋和数以千计的其他塑料物品。塑料是海洋中最常见的垃圾，而它们的自然降解需要数百年的时间。在没有意识到危险的情况下，海洋动物们会因吃掉这些垃圾而死亡，而且往往死得非常痛苦。

漂浮在海面上的塑料垃圾

太平洋垃圾带

许多人认为，如果看不到漂浮在水面上的塑料垃圾，那就意味着它们不存在。不幸的是，这种想法是非常错误的。塑料垃圾不会像糖一样溶解。在猛烈的海浪和水温变化的作用下，它们会分解成越来越细小的碎片。这些碎屑只有花椒粒大小，很多甚至要用显微镜才能看到。这些塑料微粒非常轻，因此会漂浮在水面上。在洋流的影响下，它们会漂出几千千米。在某些地区，水流会卷起巨大的圆圈，形成环流圈。如果塑料垃圾进入这些巨大的旋涡，就会被常年困在其中。北太平洋地区就是这样一个被数百万吨塑料垃圾污染的地方。在那里，垃圾堆积成巨大的漂流筏，上面还漂浮着盐粒和胡椒粒大小的塑料和橡胶碎片。这里简直就是一锅"塑料汤"，如果在这里抽水，就会收获成千上万吨的垃圾。

海底的塑料垃圾

幽灵网

幽灵网

"幽灵网"是指被遗弃、丢失或抛弃的渔具。每天都有动物被困其中，它们因为无法挣脱这样的陷阱而死亡。"幽灵网"通常出现在沉船、巨石和珊瑚礁周围，因为这些地方都容易挂到渔网。由于渔网的线是由坚韧的塑料制成的，它们会在海底沉积多年而不降解。即使是大型海豹和海龟也会在网中丧生，因为它们被困其中，无法游到水面呼吸空气。"幽灵网"对人类来说也是非常危险的陷阱。如果潜水员被一个几乎看不见的、覆满海藻的"幽灵网"缠住，就会付出生命的代价。

海龟被塑料袋和渔网困在水底

113

垃圾降解大约要多长时间？

纸：2～6个月

薄塑料袋：20年

聚苯乙烯泡沫塑料杯：60年

铝制饮料罐：200年

塑料瓶：450年

塑料渔网：600年

玻璃瓶：数千年

我们能做些什么？

最重要的是，我们不要把垃圾扔到海里或海滩上。如果附近没有垃圾桶，应该把个人的垃圾装在袋子里带走。我们应该为他人树立一个好榜样，当看到垃圾时，应该把它们扔到最近的垃圾桶里。

干净的海滩看起来多么赏心悦目呀！垃圾应该丢进垃圾桶，而不是海洋

布满垃圾的海滩

如何成为一名
海洋学家？

海洋科学是研究海洋的自然现象、性质及其变化规律，以及开发利用海洋有关的知识体系的学科。从事这一领域研究的学者被称为海洋学家或海洋地理学家。与许多学科相比，海洋学是一门非常年轻的科学学科。直到19世纪末，人类才开始对海洋进行认真的科学研究。

南极科考站

海洋学家乘坐科考船到南极考察

冰川地带的科学考察活动

海洋学家
应该掌握什么？

　　海洋面积巨大，占地球表面70%以上。因此，海洋学家应该拥有丰富的知识，不仅要了解海洋，还要了解整个地球是如何运转的。要了解这一点，首先必须掌握物理、化学和生物学知识，还要精通英语，因为目前大多数最新发现都是用英语描述的。

如何选择学业？

　　现在，许多大学都设有海洋科学专业和海洋技术专业来培养合格的海洋研究人员。在那里，未来的海洋学家们将会在各种有趣的活动中度过大部分时间。

海洋学家会研究海洋动物的死亡原因

大学里什么在等待着你？

　　除了讲座和课程，你还可以参加海边的户外活动。在你实习的过程中，一定会有机会到一些海洋科考站或海洋研究所工作。在这些充满奇异海洋动物和现代化设备展览的神奇地方，你会感觉自己是一名真正的科学家。

　　有的海洋研究所还拥有自己的科考船，因此你会经历许多令人兴奋的航行。在摇曳的波浪中，你不仅可以体验海洋科学工作者的生活，还可以体验水手的生活，成为真正的海洋王者，或许还能发现许多海洋的秘密。

赫尔海洋站海豹展览馆里的海豹